智能力量

实现高质量发展的新动能

于晴　吴云坤——主编

人民邮电出版社

北　京

图书在版编目（ＣＩＰ）数据

智能力量：实现高质量发展的新动能 / 于晴，吴云
坤主编. —— 北京：人民邮电出版社，2024.1（2024.4重印）
ISBN 978-7-115-63069-8

Ⅰ．①智… Ⅱ．①于… ②吴… Ⅲ．①人工智能
Ⅳ．①TP18

中国国家版本馆CIP数据核字（2023）第205762号

内 容 提 要

智能力量是引领未来的战略性力量，作为新一轮产业变革的核心驱动力，将进一步释放历次科技革命和产业变革积蓄的巨大能量。本书共 9 章，从智能力量应用、智能力量与主要领域融合发展、智能力量视野下的网络安全大脑、创新发展中的人工智能、"互联网+"时代下的安全智能力量等方面进行阐述，旨在帮助广大读者更为清晰地了解我国以及世界智能力量的发展概况，同时对于助力企业把握时代趋势实现创新升级具有参考价值。

本书适合从事人工智能和产业智能化相关工作的人员，以及对人工智能感兴趣的读者阅读。

◆ 主　编　于　晴　吴云坤

　　责任编辑　郭泳泽

　　责任印制　王　郁　焦志炜

◆ 人民邮电出版社出版发行　　北京市丰台区成寿寺路 11 号

　　邮编　100164　　电子邮件　315@ptpress.com.cn

　　网址　https://www.ptpress.com.cn

　　涿州市般润文化传播有限公司印刷

◆ 开本：700×1000　1/16

　　印张：10.75　　　　　　　2024 年 1 月第 1 版

　　字数：221 千字　　　　　2024 年 4 月河北第 2 次印刷

定价：69.80 元

读者服务热线：(010)81055410　印装质量热线：(010)81055316
反盗版热线：(010)81055315
广告经营许可证：京东市监广登字 20170147 号

编委会

随着"互联网+人工智能"的快速发展、计算能力的大幅提升，以深度学习为代表的算法模型不断丰富，智能技术正在不断地影响、渗透、推进着众多产业、行业的发展及应用，正在成为经济社会的新动能，也必将成为影响21世纪全球的核心生产力。

当今，我们正赶上新一轮"信息革命时代"，2017年国务院印发《新一代人工智能发展规划》，把人工智能（Artificial Intelligence，AI）列为国家重要发展战略，其中指出要在2030年成为世界主要人工智能创新中心。人工智能技术的发展已经呈现强大的生命力，但人工智能技术仍然有很长的路要走，算力、算法和数据技术都面临挑战，需要从"大数据大算力小任务"发展为"小数据小算力大任务"，其中人工智能应用框架、人工智能算法与人工智能芯片都是着力点。我们需要加强计算芯片创新，加强可扩展平台架构、系统优化设计等基础技术研发和能力构建，加强前瞻性智能技术与应用的理论梳理和研究，还要注意营造人工智能技术与应用的发展生态，包括人才、政策、法律、伦理等方面。

中关村网络安全与信息化产业联盟组织成员单位经过约一年的努力，编写了本书。本书立足人工智能技术与发展应用，从社会发展力视角切入，提出了"智能力量"这一概念，并围绕此概念进行归纳研究，总结出了许多新的思考与认识，反映了中关村网信企业在人工智能技术发展与应用方面的研究成果，也描绘了对其未来发展方向的期待。目前，人工智能还处在应用的前期，未来人工智能的应用将更加丰富多彩。尽管技术的进展并非现在就能预见，但本书从企业视角讲述对人工智能技术与应用的预期仍然是很有意义的，这将鼓励读者做进一步的探索。希望更多网信科技工作者、网信产业企业家不断成为人工智能技术与应用的探索者和先行者，为建设网络强国、实现中华民族伟大复兴做出我们应有的贡献。

邬贺铨

中国工程院院士

2023年1月1日

序言二

　　如果说互联网改变了信息基础设施，那么产业与社会互联网则改变了资源配置方式、产业资源利用方式、企业组织运作方式、社会治理模式。如末梢神经般植入人类生产与生活等方方面面的产业与社会互联网，不仅产生了科学家梦寐以求的海量数据，而且催生了云计算方法，把千万台服务器的计算能力汇总，使得计算能力飞速提高。科学家已发明的"机器学习"方法更是在各类互联网舞台上大显身手，从根据用户兴趣智能推送购物信息、阅读信息到提供准确的网络翻译、语音识别、语音交互、业务场景视频识别，产业与社会互联网越来越智能，智能技术的应用越来越广泛。

　　在人与人之间不便于面对面协同工作及交流时，非接触式的网上协同工作与交互模式开始发挥优势。在医疗领域，语音交互系统在人机合作的医疗物联网中大显身手，它通过识别医护人员及相关人员的语音或根据视频类的指令，由机器人或机器人系统执行相应的操作，这给医务工作者的工作带来了极大的便利。在农业领域，基于机器学习的决策支持工具整合了气候、能源、水等数据，能够帮助农民做出农作物管理的决策。在商业领域，决策支持系统能够帮助管理层预测趋势、分析问题产生的原因并加快精准决策。

　　现在，智能技术已经广泛应用于人们生活的各个领域。本书也有所提及，人工智能技术在教育、医疗、国防建设、社会治理、经济发展、金融、生物特征识别等领域都有或深或浅的应用。但我们依然应该看到，现阶段的智能技术手段与工具还只是处于发展和应用初期，各个领域的研发人员还只专注于各自领域的智能应用研究，基本处于以"分"为主的应用研究阶段。未来，在技术手段发展更加成熟时，必定会出现系统集成的"合"的阶段。当这个"合"的阶段到来时，各个领域的智能技术、业务数据以及新的应用方式将会整合，真正实现限制更少、效率更高的深度学习。

中关村网络安全与信息化产业联盟组织成员单位编写本书，是对智能技术发展方向的一次探索性研究。我很高兴看到联盟紧跟技术发展的新潮流，站在社会前沿引导大家对智能技术的应用进行深入思考并加深理解。希望联盟能继续肩负责任，发挥自身优势，做出更多、更好的研究成果，并让研究成果更好地惠及企业、造福人民，为实现中华民族伟大复兴的中国梦做出更多、更大的贡献。

毛光烈

浙江省智能制造专家委员会主任

2023年1月20日

目录

1

第一章　总论

当今世界正在经历以人工智能为基点、为力量的人物互联、万物互联新技术带来的巨大变革。人工智能既是一门极富挑战性的学科，又展现出具有广阔前景的科技力量、经济力量、军事力量和社会应用力量，必将成为网信产业新的战略点和聚焦点，以及信息社会发展的新质生产力。2019 年 5 月 16 日，国际人工智能与教育大会在北京开幕，国家主席习近平向大会致贺信。信中指出，人工智能是引领新一轮科技革命和产业变革的重要驱动力，正深刻改变着人们的生产、生活、学习方式，推动人类社会迎来人机协同、跨界融合、共创分享的智能时代。

人工智能技术及应用正加速走进人们的生活，并深刻改变着人类经济社会的活动形态。从国务院印发的《新一代人工智能发展规划》可以看出，中国人工智能的应用前景与市场潜力巨大：到 2025 年，新一代人工智能在智能制造、智能医疗、智慧城市、智能农业、国防建设等领域得到广泛应用，人工智能核心产业规模超过 4000 亿元；到 2030 年，人工智能在生产生活、社会治理、国防建设各方面应用的广度深度极大拓展，人工智能核心产业规模及相关产业规模分别超过 1 万亿元和 10 万亿元。对于中国来说，人工智能已经成为跨越式发展的引领技术，加快渗透于经济、军事、文化和社会诸多领域。世界网络信息技术的发展与应用表明，谁占据智能力量制高点，谁就会占据新技术与发展的制高点。

2020 年 10 月 29 日，中国共产党第十九届中央委员会第五次全体会议通过的《中共中央关于制定国民经济和社会发展第十四个五年规划和二〇三五年远景目标的建议》指出："瞄准人工智能、量子信息、集成电路、生命健康、脑科学、生物育种、空天科技、深地深海等前沿领域，实施一批具有前瞻性、战略性的国家重大科技项目。"这一重要安排表明，人工智能与其他学科、技术相结合形成的智能力量将成为我国"十四五"时期经济社会发展的重要新型力量和巨大引擎。

一、智能概述

智能是智慧和能力的统称。一般认为智能是知识和智力的综合体现，前者是智能的基础，后者是指获取和运用知识求解的能力。古今中外的思想家、哲学家与学者对"智能"都有不同理解和研究，取得了诸多成果。世界著名教育心理学家霍华德·加德纳（Howard Gardner）提出了"多元智能理论"，被誉为"多元智能理论"之父。根据霍华德·加德纳的多元智能理论，人类的智能可以分成以下 8 个范畴[①]。

（1）语言（Verbal/Linguistic）。

（2）逻辑（Logical/Mathematical）。

（3）空间（Visual/Spatial）。

（4）肢体运作（Bodily/Kinesthetic）。

（5）音乐（Musical/Rhythmic）。

（6）人际（Inter-personal/Social）。

（7）内省（Intra-personal/Introspective）。

（8）自然探索（Naturalist）。

我国古代思想家对"智能"思想体系关注也很早，一般把"智"与"能"看作两个相对独立的概念。战国时期《荀子·正名》认为："所以知之在人者谓之知，知有所合谓之智。所以能之在人者谓之能，能有所合谓之能。"其中"智"指进行认识活动的某些心理特点，"能"则指进行实际活动的某些心理特点，也有不少思想家把二者结合起来作为一个整体看待。《吕氏春秋·审

---

① 加德纳后续补充了第 9 个范畴——存在（Existentialist）。

分览》认为："不知乘物，而自怙恃，夺其智能，多其教诏，而好自以……此亡国之风也。"东汉王充更是提出了"智能之士"的概念，他在《论衡·实知篇》中指出："故智能之士，不学不成，不问不知……人才有高下，知物由学。学之乃知，不问不识。"他把"人才"和"智能之士"相提并论，认为人才就是具有一定智能水平的人，其实质就在于把"智"与"能"结合起来作为考察人的标准。

　　随着网络信息技术的发展，思想家、科学家把现代技术与传统智能相结合并对它们进行研究，形成了一门新兴学科，即智能科学。智能科学的研究本质和实现技术是由脑科学、认知科学、人工智能等综合形成的。脑科学从分子水平、细胞水平、行为水平研究自然智能机理，建立脑模型，揭示人脑的本质；认知科学是研究人类感知、学习、记忆、思维、意识等人脑心智活动过程的科学；人工智能研究用人工的方法和技术，模仿、延伸和扩展人的智能，实现机器智能。智能科学不仅要进行功能仿真，而且要从机理上研究、探索智能的新概念、新理论、新方法，是用科学的方法和手段来研究智能及其应用过程的一门学科。智能科学的概念和方法吸收了脑科学、认知科学、人工智能、数理逻辑、社会思维学、系统理论、科学方法论、哲学等方面的研究成果，以探索人类智能和机器智能的性质和规律。

二、人工智能

　　人工智能是研究、开发用于模拟、延伸和扩展人的智能的理论、方法、技术及应用系统的一门新的技术学科。

　　人工智能是计算机科学技术的一个分支，它试图揭示智能的实质，并研发出新的能以与人相似的方式做出反应的智能机器。其研究包括机器人、语言识别、图像识别、自然语言处理和专家系统等。人工智能自诞生以来，理论和技术日益成熟，应用领域也不断扩大，可以设想，未来人工智能带来的科技产品，将会是人类智慧的"容器"。人工智能可以对人的意识、思维的信息交互过程进行模拟。人工智能不是人，但能像人那样思考，甚至在某些方面可以超过人的智能。人工智能是一门极富挑战性的学科，其范围十分广泛，由不同的领域组成。人工智能研究的一个主要目标是使机器能够胜任一些通常需要人才能完成的复杂工作。2017年12月，"人工智能"一词入选"2017年度中国媒体十大流行语"。人工智能正在向经济社会各个领域延展，已经成为推动社会发展进步的新型力量体，甚至成为军事较量的重要形式。

我国人工智能的发展潜力在世界范围内被看好。全球顶尖管理咨询公司纷纷发布报告，认为我国在市场规模、应用场景、数据资源、人力资源、智能手机普及程度、资金投入、国家政策支持等方面具有综合优势。尽管我国智能技术的发展在整体实力上仍然落后于美国，在基础研究、关键技术（如芯片技术）和人才上与美国也存在一定差距，但我国企业在技术层和应用层的生态圈建设，以及政府在政策上的倾斜和鼓励，无疑使我国成为具有巨大发展潜力的国家。国家在"十四五"规划实施中也将重点推进智能化技术发展，到2035年人工智能有望促进我国劳动生产率提高27%。

对于我国在人工智能发展上的优势，国内外的咨询和研究机构基本上做出了同样的判断。高盛公司在《中国人工智能崛起》报告中指出，数据、算法、算力是人工智能产业发展的三大要素，这三大要素在不同阶段都是人工智能核心技术应用的基础和关键，恰恰中国在这方面有着巨大的、无可替代的优势。从我国的人工智能产业链和生态体系建设来看，我国人工智能的数据、算法、算力生态条件正日益成熟。

然而，相对于国际先进水平，我国在人工智能的发展上还有一些差距和短板，主要体现在以下3个方面。

（一）人工智能的顶尖人才缺口大，造成基础研究方面的短板

尽管我国的人工智能人才数量近年来呈稳步上升趋势，但在高端人才尤其是顶尖人才方面，与美国等发达国家依然有较大差距。同时，人才结构分布不均衡。有数据显示，我国的优秀人工智能人才在高校和科研机构分布较密集，在产业界却大大不足。与欧美很多优秀人工智能人才发源于企业不同，目前我国人工智能"头部企业"在人才培养中的主体作用尚未充分发挥。高校需要结合人才培养规律、产业需求，顺势而变，把学校资源转化为服务产业的资源。

（二）缺少核心算法和算法底层框架

当遇到关键性问题时，缺少核心算法是会被人"卡脖子"的。我国智能产业的创新能力薄弱，产业发展过度依赖开源代码和现有数学模型，对原创核心算法和算法底层框架的研究缺乏资源投入。以图像识别为例，用开源代码开发出的人工智能虽然可以准确识别人脸，但在对医学影像的识别上难以达到临床要求，很难做到精准识别；在三维重构、可视化等方面难以做到精准反映真实的解剖信息，甚至会出现误导等问题，这在医学应用上是"致命"的。这种情况下，遇到专业性强的研究任务，一旦被"卡脖子"将会非常被动，所以一定要有自己的核心算法。是否掌握核心算法将决定在未来的人工智能"智力大比拼"中是否有胜算。用开源代码"调教"出的人工智能顶多是个"常人"，而要帮助人工智能成长为"细分领域专家"，需使用以数学为基础的原始核心模型、代码和框架进行创新。

（三）核心技术比较薄弱

目前，在人工智能技术上，我国基本偏重技术应用。人工智能的应用技术面临"空心化"风险。比如，我国的超算能力已经达到世界先进水平，但这些很大程度上是基于美国的芯片实现的。以前在核心基础数据上的"欠账"，极大地限制了人工智能"弯道超车"，使我国总体上尚处于"跟跑"状态，在基础研究、原创成果、顶尖人才、技术生态、基础平台、标准规范等方面与世界领先水平还存在明显差距。在全球人工智能人才 700 强中，我国入选人数虽名列第二，但仍远低于美国。

综上所述，我们可以得出两个结论性的判断：一是人工智能不是颠覆性技术，而是具有通用技术性质的重要迭代技术，是我国发展的战略机遇；二是我国发展人工智能技术，既有巨大机遇，也面临巨大挑战，尚有大量的基础工作要做。

三、智能力量

科学技术实践发展的一条重要规律就是，单一技术的创新随着其发展会成长为综合力量体系。机械技术、电力技术、互联网技术等都是如此，都由单一走向综合。以人工智能为核心技术，在网络、大数据、物联网（Internet of Things, IoT）和医学科学等技术的支持下，形成具有人类大脑相关功能从而提高社会生产、加快社会发展的力量。

智能力量是指在互联网技术、人工智能技术基础上形成的推动经济社会发展的新质动力和模式。智能力量具有以下特点。

（一）社会应用广泛

随着现代通信技术、计算机网络技术和现场总线控制技术的飞速发展，数字化、网络化和信息化正日益融入人们的生活。人们在生活水平、居住条件不断提升与改善的基础上，对生活质量提出了更高的要求，智能化住宅小区就是在这一背景下产生的，其需求正日益增长，智能化的内容也不断有新的概念融入。

（二）带有革命性变化

我国目前正处于新旧技术经济长波交替之际，以人工智能为代表的使能技术群正在推动整个科学技术体系发生革命性变化，由此带来了体系重构和范式变革。比如，无人驾驶汽车就是一种智能化的事物，它将传感器、物联网、移动互联网、大数据分析等技术融为一体，从而能动地满足人的出行需求。相较于传统媒体，智能化媒体是建立在数据化基础上的媒体功能的全面升华。它意味着新媒体通过对智能技术的应用，能逐步具备类似于人类的感知能力、记忆和思维能力、学习能力、自适应能力和行为决策能力。在各种场景中，智能力量以人类的需求为中心，能动地感知外界事物，按照与人类思维模式相似的方式和给定的知识与规则，通过数据处理及其反馈，对随机性的外部环境做出决策并付诸行动。

（三）高端化材料形成

智能化需要以新型材料为基础和支撑，因此智能化也在不断推进高端化智能材料的发展。智能材料成为材料科学发展的一个重要方向，也是材料科学发展的必然。智能材料的研究内容十分丰富，涉及许多前沿学科和高新智能材料，在工农业生产、科学技术、人民生活、国民经济等各方面起着非常重要的作用，其应用领域十分广阔。

2 第二章 智能力量应用

一、当前智能力量应用聚焦领域

（一）国防军事

战争离不开科学。随着机械化、信息化的发展逐渐接近"天花板"，军事领域的智能化革命正汹涌而来，未来战争也必将进入智能化的时代。智能力量最早用于国防、军事方面，主要是执行一些危险任务，如扫雷、探测、深入敌后执行侦察等。目前，智能力量更多用于无人机、无人作战武器执行敌后侦察、攻击任务。当然，智能力量在国防、军事上的应用不只是这些。世界主要军事强国预见到智能力量在军事领域的广阔应用前景，认为未来的军备竞赛是智能化的竞赛，未来战争是智能化武器逐渐走向主战场的战争，并已提前布局一系列研究计划和实施规划，提出第三次"抵消战略"，力求在智能化上与潜在对手拉开代差，大力加快"装备＋智能"步伐，以预先掌握战场主动权。

1. 加快军事信息安全智能化传输

军事领域的信息安全要求等级高，安全保密审核严格，以深度学习为基础的智能力量在军事信息安全领域有着很好的发展前景，如以人脸识别为代表的基于生物特征的身份认证技术对于智能安防、海量监测视频事件回溯、涉密人员户籍化管理、保密要害部门部位准入、访客管理等具有重要意义和巨大价值。

提高自主智能化水平、拥有较高的军事网络安全技术水平是当前军事信息安全传输的重中之重。许多国家都在抓紧对当前具有普遍性的关键技术、可发挥杠杆作用的突破性技术、具有"撒手锏"作用的尖端技术进行重点攻关，特别是加紧对高保密性的军用密码算法、多密级综合安全保密体系、各种安全等级的防火墙、高速密钥分配技术、高性能加密芯片、防黑客攻击的身份鉴别技术、安全保密互通技术及标准化等技术和产品的研发，尽量缩短生产周期，尽早定型装备，尽快应用到军队信息化建设实践中去。

创新网络安全保密战法正在成为智能化装备的重要发展方向。它主要包括通过信息封锁防敌侦察，通过信息佯动、信息模拟反敌侦察，有意传输大量虚假信息和无用信息扰敌侦察，采取多路由传输提高信息及信息系统、设备的抗扰抗毁能力，加强对信息及信息系统、设施的伪装，强化核心要害部门的安全警卫，等等。总之，通过采取综合措施，限制敌方获取我方真实、准确的信息。

在涉密领域，可以使用智能力量定密技术。这种技术在未来军事定密工作中具有较强的实用性。通过智能力量可对目标进行自主分析，并对超越秘密范围的目标进行锁定，全程不需要人工介入，能保障军事信息的安全传输。在某一专业范围内，只要把已有的涉密资料、文档作为标注数据集对系统的人工神经网络进行训练，并不断反馈校正。最终，系统可以成为该专业范围的定密专家，对给出的文字、图像、视频材料进行辅助定密判断。当然，最终的审核需要人工介入。

2. 智能化成为军事网络安全发展方向

网络空间的运行以及对不断出现的网络威胁的不间断跟踪需要大量的高水平技术专家。智能力量不仅能够分担部分任务（因为智能力量在寻找漏洞、编写代码和机器算法上的速度快），而且找到的"弱点"数量非常多，能对人为控制的防御手段构成威胁。在信息安全中极为重要的漏洞检测技术领域，目前还缺乏高效、准确的漏洞分析自动化技术，很多安全威胁和风险需要专业人员依靠经验做深度分析和最后判断。智能力量在处理海量数据方面极具优势，通过对样本的训练，可以模拟大量的攻击模式，既能基于人类经验应对，又能抛开人类经验进行全新的样本空间学习和探索。这样的技术解决思路将大大提高漏洞检测的全面性、准确性和时效性。

面对互联网的海量数据，大数据技术提供了存储和处理机制，加之智能力量的应用，完全可以在网络空间形成以智能力量为核心的保密代理程序。这个虚拟的智能保密工作者通过模式训练和学习，熟悉保密工作的基本要素，掌握窃密行为的关键特征，可以 7×24 小时有效鉴别海量网络用户、数据和行为的异常，做到对涉密信息、涉密用户在网络空间中的有效监管与防护。

3. 智能化走向军事作战前沿

智能科技的军事应用正从战术层面演进到战略层面，从武器装备延伸到作战方式，正在加速渗透、扩张。以美国为首的世界军事科技强国都在围绕军事智能化进行战略布局，加强军事智能化建设，研发各种用途的人工智能系统，努力抢占未来军事竞争战略主动权。

当代智能化武器装备主要包括可以独立遂行较复杂任务的无人化武器平台以及辅助操作系统，包括智能化的指挥控制系统、无人机、无人车、地面机器人、无人水面艇、无人潜航器等。世界上已列装的无人装备型号多达百种，各主要军事强国也在加紧研制各类智能化的无人作战平台。一个"机器战争新纪元"正在到来。

鉴于人工智能的迅猛发展及其在军事应用上的前景，美国已将人工智能置于维持其主导全球军事大国地位的科技战略核心地位，并在其提出的第三次"抵消战略"中，将人工智能作为发展重点，不断探索、研究应对未来智能化战争的"分布式"作战概念和装备发展体系。美国国防部早在 2000 年就开始通过制定无人装备发展战略与路线图并定期更新，从国防部层面加强对无人装备与技术发展的顶层规划和统管。其各个军种都发布了相应的无人系统路线图，推动了智能化在指控系统、机器人、无人作战平台、智能单兵配套系统等领域的基础和应用研究。据统计，美军已有各类无人机 1.13 万架以上，各种地面机器人约 1.5 万个。预计到 2040 年，美军将有一半以上的成员是机器人。在控制方式上，其现役无人装备仍主要采用遥控或预编程自动控制方式，不过随着其算法战、"蜂群作战"、"忠诚僚机"等项目的持续深入，预计无人装备的自主性、以集群或编组方式完成任务的能力、有人／无人协同等能力都将取得较大突破。[1]

在地面无人兵器方面，美军先后出台了一系列地面无人系统技术发展规划，包括《无人系统自主路线图》《美国地面无人系统路线图》《美国机器人路线图》等。路线图中详细规划了美军地面无人系统发展的近、中、远期目标。美陆军预计，到2030年，可实现有人/无人系统的智能编队和协同行动；到2040年，能够实现合成兵力机动。美军已装备"魔爪"系列、"派克博特"系列、"侦察兵"XT机器人等地面无人装备超过1万套，且许多已投入实战。由美国波士顿动力公司研发的仿生机器人和机器狗在算法上实现了巨大突破，阿特拉斯人形机器人的运动性能已接近人类，大狗四足机器人已能够用于山地等复杂地形环境，可帮助士兵携载装备和物资。随着人工智能、深度学习、新型动力能源等技术的发展，地面无人装备的自主化程度和智能化水平将不断提高，将提高有人/无人协同作战能力、加快实用化进程。[2]

美国是最早发展无人机并将其投入实战的国家。美国通过一系列专项规划，为其无人机的发展提供长远、全面和持续指导，已基本形成覆盖高、中、低空，大、中、小微型，普通与长航时较完备的空中无人装备体系。其在役无人机已实现近可用于支持现场作战，远可满足远程任务需要的无缝覆盖。美军的RQ-11"大乌鸦"、RQ-16"沙漠蜘蛛"等近程无人机飞行高度可至近地，伴随地面部队前进；MQ-1B"捕食者"、MQ-9"死神"等长航时无人机可在高空实现广域持久覆盖。"灰鹰""死神""全球鹰"等无人机已初步具备低水平的自主机动能力，可自主完成起飞和着陆，并初步具备机上航路再规划能力。X-47B是人类历史上第一架无须人工干预、完全由计算机操纵的试验型舰载隐身无人战斗机，已完成自主空中加油与自主航母起降等一系列测试。该项目虽然已被取消，不过已显示出强大的自主性和较高的智能化程度。美海军首个航母舰载无人航空作战中心于2018年9月在"艾森豪威尔"号核动力航母上组建完成，并为竞标胜出的波音公司的MQ-25A"黄貂鱼"无人舰载加油机上舰进行相关准备工作。该作战中心入役后，可携带6.8吨燃油，实现自主空中加油，能让F/A-18E/F舰载战斗机的作战半径从450海里增加到700海里，并具备一

---

[1] 丁宁、张兵：《世界主要军事强国的智能化武器装备发展》，《军事文摘》2019年第1期。

[2] 丁宁、张兵：《世界主要军事强国的智能化武器装备发展》，《军事文摘》2019年第1期。

定的隐身能力，为后续发展侦察攻击能力留出了空间。

美军发展无人潜航器较早，相继开发出多类型、用途广泛的无人潜航器。其任务领域已从最初执行简单情报监视侦察、反水雷作业发展到反潜、特种作战等多个领域。美国提出了"先进水下无人舰队"的概念，要求加强前沿水下无人系统预制，打造新型水下作战体系。同时，美军也正在探索利用多个无人潜航器组成机动式一体化侦察、探测、打击网络，提高反潜作战能力。"水下蜘蛛"是其正在研发的一型察打一体式水下无人装备，将携带 8 对被动声呐线阵列，实现对其周围 100 平方千米范围的声学探测，可携带 4 枚轻型鱼雷。"海德拉"项目旨在发展一种能在敌方近海长期潜伏，并可隐蔽部署多种空海无人作战装备的智能水下平台。美海军装备已有"海狐""斯巴达侦察兵"等水面无人艇，其任务领域也在不断拓展，将具备更高的自主和编队作战能力。除了水下无人潜航器，美海军的水面无人艇研究也取得了突破，其第一艘反潜无人艇"海上猎手"号已完成了海上首秀，接受了一系列测试，迈出了水面无人艇"人机合作"的重要一步。[①]

（二）社会治理

人工智能作为新一轮科技革命的引领技术，正在与互联网、大数据、机器人、区块链等技术领域深度融合。社会治理领域也将成为人工智能发力的聚焦点之一。党的二十大报告明确指出："完善网格化管理、精细化服务、信息化支撑的基层治理平台。"充分发挥人工智能的科技支撑和赋能作用，可以实现社会治理理念、治理方式、治理效能升级与提升，大力加快推进市域社会化治理现代化，提高市域社会治理能力。

人工智能对人类思维和行为的模拟化促进智能设备向经济社会治理领域应用。随着人工智能设备的深度研发与应用范围的不断扩大，人工智能从生产领域逐渐扩展到社会治理领域，在不断提高劳动生产率的同时，加快渗入人类的社会治理体系，逐步占据金融、交通、医疗、政务、商务等行业的核心地位。2022 年，ChatGPT 正式上线，引发了新一轮人工智能热潮，各领域也在积极探索借助大模型进行全面智能升级。智能设备的不断迭代升级使得社会治理更

---

① 丁宁、张兵：《世界主要军事强国的智能化武器装备发展》，《军事文摘》2019 年第 1 期。

加系统、更加科学、更加精准，提升了治理效能。

人工智能对社会海量信息的收集、甄别、传输、交互拓展了政府政务、党务、民主建设途径，提升了工作质量与成效。政府将人工智能技术应用到工作体系中，建立了各级各类智能系统。智能政务系统既可以实现全天候的公共服务，又可以节约大量人力成本。政府与民众之间建立了新的公平、便捷的沟通桥梁，打破了信息传递形式的约束，丰富了政府回应民众诉求的途径。人工智能技术凭借强大的信息处理能力，收集、整理和分析民意信息、社会治理信息等各方面数据，为政府制定政策、管理国家事务提供了依据。此外，人工智能强大的运算、统计、分析能力能够实时汇总和处理各地区的数据，为政府工作提供数据支持。

虽然今天的智能力量只是一种工具，是弱人工智能，但其未来将发生巨大变革。目前，智能力量在视觉识别、语音识别、数据流识别和专家系统等领域有了明显突破，开始应用于智能安防、无人驾驶、无人机、智能零售、智能家居、智能机器人、金融等行业，在伦理、法制、文化和制度上融入社会生活各个方面。

智能力量在社会治理中的应用已经成为安全技术手段的重要发展方向。

一是防骗防拐。神经网络和人工智能可以识别潜在的欺诈行为，在防骗、防拐方面发挥重要作用，协助公安机关尽快破案。人脸识别技术已经可以在模糊、姿态和光照不同的外界环境下，快速识别人脸，甚至在人脸被遮挡的情况下，也能快速识别。人脸识别可应用于实名认证、卡口安防等。图像识别技术针对常见物体已经基本可以实现准确识别，而且能够定位其具体位置。更进一步，图像识别技术针对稍微复杂一点的图像，甚至能够通过自然语言描述出其具体内容。此外，得益于智能力量技术的发展，图像去噪、图像增强、图像生成等技术也得到了显著发展。语音识别技术能够比较好地支持语音输入、语音搜索、语音对话、语音唤醒等操作，已广泛应用于手机助手、电话客服及查询入口、智能手表和其他智能设备上。

二是打击犯罪。智能力量显而易见的好处之一是在不需要人工介入的情况下提供身份验证。通过监控隐形数据点（如用户环境或地理位置）、设备特性（如电话元数据）、生物识别特征（如心跳）以及用户行为（如打字速度和风格）等，人工智能可以比人眼更快地验证个人身份。许多企业已经看到了人工智能的巨大潜力，正如美国 FICO 公司的"猎鹰联盟"模型所展示的那样，在不增加假阳性率（即用户未进行网络犯罪，但将其判定为犯罪的百分比）的情况下，将生成对抗性网络的欺诈检测率提高了约 30%。

三是身份认证。基于数据挖掘和智能力量技术的新型身份认证综合运用了数字签名、设备指纹、时空码、人脸识别等多项身份认证技术，在金融、社保、电商、O2O（代表 online to offline，即线上到线下）、直播等领域均已广泛应用。

（三）经济发展

继互联网后以新一代"通用目的技术"为核心的智能力量的影响可能遍及整个经济社会，可创造出众多新兴业态。

一方面，人工智能将是未来经济增长的关键推动力。人工智能技术的应用将提升生产率，进而促进经济增长。许多商业研究机构预测了人工智能对经济的影响，主要预测指标包括 GDP 增长率、市场规模、劳动生产率、行业增长率等。大多数商业研究机构认为，从总体上看，世界各国都将受益于人工智能，实现经济大幅增长。预计到 2030 年，人工智能将助推全球生产总值增长 12% 左右。[①]同时，人工智能将催生数个千亿美元甚至万亿美元规模的产业。人工智能对全球经济的推动和牵引，可能呈现出 3 种形态和方式。其一，人工智能创造一种新的虚拟劳动力，能够完成需要适应性和敏捷性的复杂任务，即"智能自动化"；其二，人工智能可以对现有劳动力和实物资产进行有力的补充和增益，提升员工能力，提高资本效率；其三，人工智能的普及将推动多行业的相关创新，提高全要素生产率，开辟崭新的经济增长空间。

另一方面，人工智能替代劳动的速度、广度和深度将是前所未有的。许多经济学家认为，人工智能使机器开始具备人类大脑的功能，将以全新的方式替代人类劳动，冲击许多从前受技术进步影响较小的行业，其替代劳动的速度、广度和深度将大大超越从前的技术进步。但他们也指出，人工智能技术应用在社会、法律、经济等多方面存在阻碍，其进展较为缓慢，人工智能技术对劳动的替代难以很快实现，劳动者可以转换技术禀赋，因为新技术产生的需求将创造新的工作岗位。智能力量在支付系统中具有巨大的发展潜力，可以改善由银行、

[①]《权威机构预测：未来十年人工智能将使全球增长 12%》，《经济参考报》2017 年 10 月 19 日。

支付处理器、商家和消费者组成的支付生态系统。智能力量和机器学习正逐步成为支付公司和金融机构减少欺诈的有效工具，尤其是在保护电子商务交易安全方面。通过机器学习算法，支付公司能够以创新的方式分析更多数据，以识别欺诈活动。每个消费者的交易中都包含大量数据，通过智能力量和机器学习，支付公司可以快速有效地搜索超出标准时间、速度和数量等因素的数据。例如，智能力量可以使用多因素逻辑回归的综合网格，以便在考虑事务时为每个数据点创建新的动态权重。

最关键的是，系统可以从每次交易中学习，不断改进并变得更有效——这是机器学习和智能力量所独有的能力。简言之，使用智能力量可以让支付公司以新的、更有效的方式查看交易数据，增加成功的合法交易数量，减少非法交易数量。传统的反洗钱监视软件，以及其他监控违规、异常行为的软件，容易产生大量误报。自然语言处理、机器学习、神经网络以及其他类型的智能力量可以梳理大量实时数据，发现人类发现不了的规律，缩小警报范围，甄别出真正值得警惕的交易。换言之，人工智能在噪声中识别出了信号，这大大提高了效率，可以有效打击经济犯罪。

二、智能力量发展带来的影响

（一）机遇

智能力量的发展预示着在新一轮"生产力革命"带动下人类分工深化的历史趋势，应认清其中的机遇与挑战。智能力量发展带来的技术方面的机遇一方面是指将带来新一轮科技革命，引领技术的战略性突破与发展，先行发展是在基础科学、关键技术研发上避免受制于人，进而掌握产业革命的战略主动权。但同时，机器智能一旦在某些方面超过人类，将会带来不可测的、不可控的风险。从未来发展来看，作为一门交叉学科，智能力量技术涉及社会学、信息学、控制学、仿生学等众多领域，不仅是生命科学的精髓，更是信息科学的核心，具有光明的发展前景。智能力量技术促进了多种学科与网络技术的深度融合，解决了"互联网时代"看似无法解决的问题和痛点，将互联网带入一个全新发展的智能时代，极大影响了网络技术和信息产业的未来发展方向。

技术进步是不可阻挡的时代潮流，智能力量势必会对整个社会就业产生重大影响，很多岗位将被智能力量取代。智能力量产业在国内外都受到前所未有的重视，国内外大型公司已全方位引入智能力量，期望在未来竞争中占有一席之地，智能力量也会伴随不断增长的需求而进一步得到完善。因此，任何公司和个人都应该正视这种潜在的发展趋势，在不同层面积极了解、跟踪、学习智能力量，及时做出调整，并与之结合，实现发展转型。随着新科技革命的发展，智能力量技术正孕育着新的重大变革，一旦突破，必将对科学技术、经济和社会发展产生巨大而深远的影响，深刻地改变经济和社会面貌，促使生产力出现新的飞跃，成为第四次工业革命的主旋律和人类社会未来的重要支柱。

在技术产业方面，智能力量发展带来的机遇在于：第一，把握好机遇，可以占据信息技术等高新科技产业的战略制高点，进而掌握产业革命的战略主动权；第二，对我国来说，瞄准、把握智能方向，可以在新赛道上打造一批具有全球影响力和引领力的一流科研机构、创新型企业，从而大力提升技术产业的国际竞争力。

1. 提升国家治理能力

我国智能力量等新一代信息技术快速发展，智能产业规模不断发展壮大，智能力量和实体经济的融合不断深入，在社会各领域的应用加快拓展，智能社会形态逐渐显现，数字经济不断壮大，呈现蓬勃兴起的良好势头。为了更好地提升国家治理能力，应推进智能化基础设施建设，筑牢智能力量与经济社会发展新支撑，推动智能力量与实体经济深度融合，培育智能力量与经济社会发展新动能；发展高效便利智能服务，拓展智能力量与经济社会发展新空间；紧紧围绕教育、医疗、养老以及政务服务等迫切需要解决的民生问题，加快智能力量创新应用，优化公共服务供给；会同相关部门加强智能力量相关法律、伦理、社会问题研究，建立健全保障智能力量健康发展的法律法规、制度体系、伦理道德，综合应用大数据、云计算、智能力量等技术，提高社会治理智能化专业化水平。

2. 保障数字经济安全

数字经济已成为支撑各国和全球经济增长的重要引擎，却在产业数字化和数字产业化过程中催生了一系列网络安全问题。在当前万物互联环境下，物联网终端面临多样化的安全挑战，信息化带来信息安全挑战，网络化带来网络安全挑战，数字化带来新的数字化安全挑战。数字经济的健康发展需要网络安全保驾护航。未来，在智能机器自动学习的基础上，通过大数据分析等技术可以有效保障数字经济安全。

3. 推动各领域创新

智能力量正在全球范围内蓬勃发展，推动世界从"互联信息时代"进入"智能信息时代"，给人们的生产、生活方式带来了颠覆性影响。智能力量与经济社会的深度融合，将给人类社会发展带来强大的新动能，实现创新式发展。从学科层面看，智能力量跨越认知科学、神经科学、数学和计算机科学等学科，具有高度交叉性；从技术层面看，智能力量包含计算机视觉、机器学习、知识工程、自然语言处理等多个领域，具有极强专业性；从产业层面看，智能力量在智能制造、智慧农业、智慧医疗、智慧城市等领域的应用不断扩大，具有内在融合性；从社会层面看，智能力量给社会治理、隐私保护、伦理道德等带来新的影响，具有全面渗透性。目前，在边界清晰、规则明确、任务规范的特定应用场景下（如下围棋、人脸识别、语音识别等）设计出的智能体表现出较好的专用智能。未来，智能力量的发展将从专用智能力量、人机共存智能力量向通用智能力量转变。可以预见，通过科学研究的牵引、应用技术的交汇，智能力量必将推动人类社会实现创新式发展。

4. 有利于人民安全

利用人工智能技术可以有效地保障人民安全。随着智能分析技术的发展，尤其是人工智能技术的成熟与应用，将人工智能分析技术与传统的视频监控相结合，可以弥补当前监控工作的许多不足之处。在实际应用中，可以几乎不借助人工对监控图像进行处理，主要包括定位、传输、识别、跟踪等。因此，智能力量可以完善当前的安保工作，同时可以及时处理突发状况，从而减少不必要的损失。

（二）挑战

在人工智能技术推动下，新一轮科技革命和产业变革使大科学和大融通时代的到来更加临近。在这一背景下，智能力量将对人类社会生产生活产生重大影响，有效提升产业、企业的科技创新体系的整体效能，也将塑造创新发展的引领态势和竞争新优势。同时，它也直接冲击着人们的思想理念、行为模式，使不法企业、个体利用相关技术进行新型犯罪成为可能，这对社会、政府监管构成了更多新的挑战。

1. 新型安全威胁及网络犯罪

2017 年全球范围内爆发了 3 次病毒攻击事件：5 月，WannaCry 病毒席卷全球至少 150 个国家和地区；6 月，Petya 病毒在全球 60 多个国家和地区传播；7 月，CopyCat 病毒感染了约 1400 万部安卓设备。当业内还在讨论 Petya 病毒背后是否应用了人工智能技术时，全球已经有 80 余家安全公司引入了人工智能技术，以对抗病毒与黑产。

人工智能技术的加持降低了不法分子的作案门槛，让不法分子可以更容易获取人们的个人信息，以进行骚扰、诈骗甚至勒索。专门的软件工具、专业化的分工，让不法分子可以轻易实施犯罪行为。

2. 对国家安全监管提出挑战

技术迭代可以以天或者周为周期，培养一名出色的网络警察则需要几年时间，而法律的有效适用与迭代更新则需要更长的时间。监督与制约手段的缓慢变化让网络犯罪得到了发展的时间窗口。这一场对抗，需要指数级增长的技术来支撑，尤其是当人工智能成为重要作案工具或者作案主体时，更需要新科技来应对新犯罪行为，这对国家安全监督提出了新的挑战。

（三）赋能

随着智能力量的热度不断高涨，其已经成为很多领域的重要组成部分。智能力量的出现已经成为继蒸汽机、电力之后的又一次"技术革命"。

1. 赋能我国事务安全

智能力量带来的总的影响在于，生产力变革引发分工进一步出现大发展，其方向是从分工专业化向分工多样化深化，引发新的产业革命，进而造成制度变革压力。一旦在基础设施、基础软硬件技术（如操作系统或技术平台）、材料工艺、国际合作等方面受到封锁（或与先进国家发生科技"脱钩"），那么将会形成来自知识与市场的发展障碍。

推动智能力量技术发展，并不断推陈出新、优化融合，旨在通过统一的信息资源整合，利用人工智能、机器学习等各类创新技术，为教育、出行、医美、旅游、汽车、家居等多个领域注入更多创新力量。智能力量还可以结合自主研发的技术来及时鉴别风险行为，合理规避安全风险，提高运营风控的精准性，为用户提供个性化、定制化的技术解决方案，推动不同领域智能化、效率化发展，赋能我国事务安全。

2. 引申至国际事务安全

在国际事务中，智能力量技术大范围采用了能促进经济增长的新动能，数据资本替代物质投入将成为长期趋势，并将加速经济发展从速度增长向质量提高转变，以高附加值为标志的产业结构高度化趋势明显。在货币方面，智能力量在长期内可能会推动形成"金融－信息"双中心的"新金融秩序"[罗伯特·希勒（Robert Shiller）的观点]，推动金融服务与信息服务进一步融合，推动信息对称透明机制的形成，为金融服务实体创造更好的条件。但是，由分布式计算、区块链机制引起的金融创新，给货币主权带来潜在挑战，一旦信息服务滞后，可能会放大金融风险中的不确定性。

在就业方面，智能力量为零工经济、在家办公创造低门槛工作条件，而机器一旦替代人，不仅会替代人类体力劳动，而且会在一定程度上替代人类脑力劳动，在短期内对制造业就业，甚至第二产业、第三产业中部分复杂劳动构成冲击，进而成为社会潜在的不稳定因素。

此外，智能力量在机器人、基因技术、医疗技术方面的运用，将带来伦理方面新的问题；在个人信息和数据资产开发与保护方面，将带来对法律和制度的考验。但随着技术的发展，智能力量技术将不断完善，给世界带来更多积极的变化。

三、智能力量与产业发展

智能力量是引领未来的战略性力量。世界主要发达国家把发展智能力量作为提升国家竞争力、维护国家安全的重大战略，加紧出台相关规划和政策。智能力量作为新一轮产业变革的核心驱动力，将进一步释放与历次科技革命和产业变革相似的巨大能量。

我国经济发展进入新常态，网信事业的发展更是重中之重，其责任之重大、任务之艰巨可见一斑。加快智能力量的深入应用，培养、壮大智能力量及相关产业势在必行。

（一）促进产业发展必然性

智能力量与产业的结合是信息化发展到一定阶段的必然产物，是人在使用信息系统改造和适应环境的过程中，为实现某些特定目标而开展信息化范畴内的增强型活动，并因此在物理空间、信息空间构筑了新的存在物。

换句话说，发展智能力量对于深化建设我国产业存在着不可辩驳的必然性。大力发展智能力量，有利于推动互联网、大数据和实体经济的深度融合；有利于带动相关产业发展，提高经济增长质量（经济效益）；有利于推动生产力发展，满足人民日益增长的美好生活需要；有利于加快经济方式的转变；有利于提高劳动者素质，创造新的劳动力。

（二）影响产业相对性

人们认识事物的广度和深度总是受历史时期的限制。智能力量的演变与产业的发展评价标准在不同时间、不同空间出现了诸多立场，也催生了不同的意见、分歧和纷争，观点差异几乎无时无刻不在发生。

智能力量具有明显的"时间窗口性"，智能仅在一定时间内才被认为是智能的。而智能力量的产生和发展不仅是一个状态，更是一个持续的过程，与产业发展是相辅相成的。

（三）影响演进动态性

运动是绝对的，而静止是相对的。这一点也可体现在智能力量的发展与网信事业的建设的相关性上。智能力量的发展与网信事业的建设之间的关系表现为其自身与所增强的对象、所保障的对象等各种关系状态的共生。当对象变化、环境变化或人的需求变化时，这种关系的有无、强弱等条件也会相应变化。

（四）影响产业持续性

智能力量的发展与产业的建设都是在复杂多变的环境中，将能力从局部拓展到整体、从点线延伸到面、从技术变革演进到组织制度的过程，因此都具有长期发展、无休止的特点。二者持续动态演进，最终都会突破地域、组织、机制的界限，实现对人才、技术、资金等资源和要素的高效整合，从而带动产品、模式和业态创新。

（五）赋权人本性

智能力量把人类活动的效率提升到了一个新的高度，为人类未来实现丰裕的物质生活提供了信心保障。智能力量将在教育、医疗、养老、环境保护、城市运行等领域广泛应用，并将准确感知、预测、预警基础设施和社会安全运行的重大态势，及时掌握群体认知及心理变化，主动决策和反应。

四、国产操作系统对智能力量应用的支撑作用

（一）操作系统及其生态链现状

随着我国网络安全保障措施的不断完善，网络安全防护水平进一步提升。然而，信息技术创新发展伴随的安全威胁与传统安全问题相互交织，使得网络空间安全问题日益复杂、隐蔽，网络安全风险不断增加，各种网络攻击事件层出不穷。2017年，席卷全球的WannaCry病毒导致大量重要文件被加密，有的石油企业部分加油站的加油卡、银行卡、第三方支付等网络支付功能无法使用，多地公安部门对设备系统进行断网自查才在一定程度上解决问题。此类安全事件的发生原因之一就在于操作系统的源代码不被我们自己所掌控。

虽然因 Windows 操作系统漏洞的病毒引发了多起安全事件，但国产操作系统由于均采用 Linux 平台二次开发而相对安全。我国软硬件平台依然大量采用国外软硬件技术，Windows 操作系统在我国操作系统市场上继续保持显著领先优势，市场份额庞大。受 Linux 操作系统市场份额快速增长的影响，IBM、Oracle 和 HPE 等小型机操作系统在高端市场上的份额逐年小幅下降。与此同时，以麒麟软件、阿里云为代表的一批国内操作系统企业，和以红帽、SUSE 为代表的外企都在迅速发展，其市场年产值逐年提高。

在国内 Linux 市场品牌结构方面，国产操作系统凭借在政府、金融等关键行业的强势表现，继续保持总体领先地位，并且在服务端和桌面端都取得了相对较高的市场占有率。麒麟软件、普华基础软件、中科方德、湖南麒麟、凝思软件、武汉深之度、一铭软件、中兴新支点、中科红旗等国内企业也都在 Linux 开源操作系统基础上，持续加强产品研发，迎合国家"自主创新"的政策东风，大力拓展政府部门和企事业单位市场。

经过多年发展，国产 Linux 服务器操作系统可在系统安全性、稳定性和可扩展性方面优于 Windows 操作系统；在系统易用性、可管理性方面不断改进和增强，与 Windows 操作系统的差距正在不断缩小。

（二）国产操作系统正在智能产品中广为应用

在市场方面，服务端国产操作系统在替代国外同类产品上取得了丰硕成果，已经在国防、能源、电力、交通、教育、水利、铁路、海关、电信、民航、金融等领域得到广泛应用。以智能终端为例，国产操作系统已经逐步取代非国产操作系统。

在产业配套方面，国产操作系统已经具备完善的产业链配套能力。从公布的信息来看，目前国产操作系统的产业链、生态合作和认证企业包括所有国内大型集成商，实现了与包括国内外重要的独立软件供应商（Independent Software Vendor，ISV）和独立硬件供应商（Independent Hardware Vendor，IHV），以及亚马逊、微软、阿里云在内的全球活跃企业的镜像合作。总体来说，面向大、物、云、移、智的未来技术发展趋势，国产操作系统重点在云计算与移动互联领域加强相关技术研究，在大数据、物联网及智慧城市领域积极参与研讨与探索，通过合作伙伴、联盟、社区、科研不断夯实技术储备与试点建设。

所以，在产业链配套能力方面，国产操作系统已经具备了替代国外同类产品的能力。

国产操作系统的应用已经遍布全国。我国大力发展国产操作系统的出发点主要是基于对国家战略安全的考虑，因此，政府的扶持和采购对国产操作系统的发展起到了巨大的推动作用，国家重点项目正稳步推进。除国家重点项目外，国产操作系统还深入国家经济领域的各个角落，在工商、民航等重要领域进入核心系统，如工商电子营业执照系统、工商法人库系统、国航电子机票系统等，其可靠性与安全性得到进一步验认。国产操作系统的认可度和需求量大幅上升，为国产操作系统的发展提供了良好的机遇和市场环境。企业也在重大项目中加强技术积累，不断提升产品的可靠性与服务质量。

（三）国产操作系统提升智能力量

随着信息技术科技创新的不断进步，国产操作系统作为传统的基础软件之一，也迸发出新的活力。操作系统和智能力量的结合主要体现在以下 3 个层面。

一是智能力量服务于操作系统的文件系统，能快速响应需求，改造后的文件系统能够快速恢复，确保系统强壮。

二是操作系统的图形用户界面和丰富的系统调用应用程序接口（Application Program Interface，API），使得智能力量的兼容性更强，更容易被用户学习、使用。

三是操作系统通过在输入端增加语音识别、视觉识别等模块，在输出端增加手臂驱动、底盘运动等功能，起到智能系统核心大脑的作用。

可以看到，目前智能力量和操作系统的结合已经开始，很多操作系统已经提供了智能力量的能力和接口。在不断丰富功能的同时，操作系统将在自我改造过程中完成面向未来的升级和转型。

3 第三章 智能力量体系中的网络威胁图谱

我国网络安全与信息化产业的智能化不仅意味着将人工智能、大数据、云计算、物联网智能感知、区块链等新技术用于提升政府和企业的自身防护能力，还意味着国家、政府和行业等层面对当今时代的网络威胁具有更强的感知能力、预测能力和应对能力。随着智能技术的不断创新和发展，智能力量成为构建网络威胁图谱的基础支撑。这需要我们对网络威胁进行图谱化的梳理。

一切网络攻击行为最初都是人发出的，一切进行网络攻击的人都会在网络中留下痕迹。结合组织内部网络、设备日志和威胁情报等，安全从业者能够将网络攻击者留下的痕迹与现有攻击者的资产信息进行比对，完成检测，快速响应，勾勒出组织内部的威胁图谱。将组织内部威胁图谱体系化、智能化梳理并运用，结合外部威胁情报，从蛛丝马迹般的 IP 地址、域名开始，能够一直溯源到攻击者的身份、目的、使用的工具和整条攻击链。这就形成了网络威胁图谱。将网络威胁图谱化是适应网络安全态势变化的大势所趋。下面将从 3 个角度分别阐述网络威胁图谱化的意义。

一、网络威胁图谱化是适应网络安全态势变化的大势所趋

随着我国网络安全与信息化产业的发展，互联网场景变得更加丰富，互联

网、移动互联网技术的发展让万物互联成为可能，而云计算、物联网等技术的发展则让政府、企业能够将办公和生产场景搬上云端，这一切都使网络环境愈发复杂。

在此态势之下，网络攻击行为越来越趋向于产业化、团伙化，入侵手法也愈发多样化、复杂化。曾经的黑客往往以某个病毒为手段、以造成社会影响为目标实施网络攻击，而现在的攻击者则以寻求经济利益或造成破坏为目的，黑产团伙、高级持续威胁（Advanced Persistent Threat，APT）组织等仍然存在，钓鱼攻击、木马攻击、僵尸网络攻击等新型攻击手段层出不穷，黑产行业甚至发展出了完整的上下游产业链。在这样的环境下，传统安全解决方案不断受到挑战，单纯依靠安全硬件设备、杀毒软件等设施的防护方式无法应对"云端时代"的新型网络威胁，政府、企业的安全从业者需要转变被动防御思想，从被动防御转向"防御—检测—响应—预测"的安全模型。因此，将网络威胁图谱化是适应网络安全态势变化的大势所趋。

二、网络威胁图谱化是实现军民和行业智能联防的重要前提

《国家网络空间安全战略》的发布，意味着我国网络空间将成为所有单位和个人都有义务、有责任去防护的空间。网络空间中发生"战争"时，由于其广域渗透、光速抵达等特点，各种行为主体会在网络空间这个舞台上亮相角力，"战场"范围将极大扩展，任何单位和个人都可能纳入其中，任何一个节点被突破，都可能带来大面积的网络瘫痪。这使得网络空间安全内涵质变、外延广阔，涉及总体国家安全观的全部内容。国家安全、社会安全、基础设施安全、城市安全，甚至个人的人身安全交织在一起，呈现新的大安全的显著特征。维护网络空间安全，不能孤立地从信息系统或单纯网络的角度考虑，应认识到其必然是网络空间安全涉及的人员、技术、资源诸要素的联动。这就需要军民联防、行业智能联防，以群策群力的形式发挥群众的智慧。

网络威胁图谱是庞大的、动态的，需要足够多的网络威胁数据来支撑图谱的活性，因此，从军到民，再到各行各业的各种组织都必须参与到网络威胁图

谱的补齐和维护、运转中,这样才能够为军民联防、行业智能联防打下良好基础。目前,我国已经在漏洞信息公开、威胁情报共享等方面有了良好的开端。几大互联网安全应急响应中心（Security Response Center,SRC）的运营早已步入正轨,在国家互联网应急中心带领下的威胁情报共享工作小组也持续运转。人员、技术、资源诸要素联动的"大网络安全时代"已来临。

三、网络威胁图谱化是应对国际网络"战争"、展现我国智能力量的必然要求

当今,国际网络"战争"早已不停留于筹划层面,基于地缘政治背景的APT组织每日都在活跃。这些APT组织以窃取机密、造成破坏为目的,少数APT组织甚至能通过窃取资金给他国直接造成经济损失。目前,一些APT组织对我国发动的直接攻击较多,其攻击行为多针对我国政府、军工、能源、金融等行业和领域,以窃取账号和情报为主要目的。这些行业和领域迫切需要网络威胁动态图谱的建立、维护和共享。只有建立良好的网络威胁图谱机制,才能让我国的网络安全水平和国家安全水平更上一个台阶,更好地在国际网络空间中展现我国智能力量。

4 第四章 智能力量与主要领域融合发展

一、智能力量促进人类智慧共同体构建

（一）智能力量成为人类智慧共同体巨大技术动能

人类智慧共同体，就是一个最佳的创新生态，让人们相互依存、共同发展，彼此之间的智力和算力交换融合，以提供更大的发展动能。当今，世界技术迭代速度更快，智能产品更为前沿。随着5G等场景体验为人所知，技术创新的浪潮正推动人类社会走向产业数字化、数字智能化的"蓝海"。

我们看到，在智能力量的驱动下，新动能正在快速集聚，推动经济社会迈向高质量发展。在这样的形势下，当今各个国家产业的竞争正在由过去的"单打"比赛逐渐变为"混合团体打"比赛。特别是智能和信息化融入各行各业后，产业竞争的方式正在发生改变，纵向深入的各个实体产业与横向延伸的信息产业结合，形成纵横交错的新搭档。产业竞争是人类智慧共同体协力的结果，智能力量正是共同体的重要"大脑"。例如，汽车产业正面临百年未有之大变局，如5G技术的应用、智能力量的落地和智慧城市的混合治理等，开源作为核心力量正在推动跨界协作，特别是信息产业与汽车产业的融合创新，构建了新的车联网生态。

（二）智能力量加快发展开源软件

软件是智能力量中信息技术产业的灵魂，是智能改造提升传统产业、培育发展新经济的重要动能。开源已成为当前软件发展中广受关注的核心要素，是大数据、云计算覆盖的互联网时代和工业 4.0 的支撑技术。开源是在信息技术领域内贯彻创新、协调、绿色、开放、共享的新发展理念的有效抓手。

纵观信息技术行业 30 年的发展，开放和协作是高效且经济的软件创新方式。Linux 基金会提供的数据显示，目前世界软件产业中，有 80% 的软件创新成果来自企业外部的开源软件，企业内部自创的成果只占 20%。全球技术精英在开源社区中打造出了智能力量的软件基石，如为网络而生的 Linux、称霸智能终端的 Android、大数据的"心脏"Hadoop、云计算的核心 OpenStack 等。

发展开源软件将加速我国发展基础技术、通用技术、智能技术和颠覆性技术，强化软件服务和定义制造业的能力，加快构筑自动控制与感知、工业云与智能服务平台、工业互联网等制造新基础，提高网络信息安全和工业信息安全保障能力，促进制造业等行业与互联网技术融合发展。

同时，开源也是高效的智能人才培养和智力集成模式。大多数软件开发者都认可开源社区给他们带来的专业能力提升和价值展现。开源社区能加强产业和教育深度融合，培养领军型人才和高技能人才，聚天下英才而用之。

（三）国产开源软件不断贡献新力量

2020 年，以麒麟软件为代表的开源操作系统企业向国内外开源社区累计提交代码 50 万行以上，在 OpenStack、OpenNebula、Fedora、Ubuntu、oVirt、AutoTest、Mono、GlusterFS、GNOME、Hadoop、OpenOffice 等社区中，越来越多地出现我国企业的名字；优麒麟等国产开源操作系统版本，进入了 Ubuntu 等国际发行版的软件仓库，在 OpenStack 社区中，其贡献度进入了前 10 位；麒麟软件和北京大学、中国电子技术标准化研究院、开源社、华为等开源伙伴制定的第 2 版木兰宽松许可证（MulanPSL v2）成为首个被开源促进会（Open Source Initiative，OSI）正式接纳的中英文国际开源许可证。我国操作系统企业正逐步融入国际开源社区。

二、智能力量加快信息通信迭代更新

（一）智能技术与信息通信技术相辅相成

智能技术的发展与信息通信技术的发展相辅相成、息息相关。回顾过去的20年，人类社会在信息通信技术不断进步的基础上，相继进入了互联网时代、"大数据时代"和"人工智能时代"，信息通信服务已经从当初单一功能的电话、短信演变成更加丰富的虚拟现实（Virtual Reality，VR）、全息通信等应用。如今，科技"巨头"纷纷把人工智能作为"后互联网时代"的战略支点，在大数据化、泛网络化等信息通信技术的基础上，逐步将人工智能调整为技术进步的核心方向，触发了新一轮席卷全球的产业变革。

智能技术的科技体系能力促进信息通信技术提升，反过来，信息通信技术又为智能技术提供体系能力，主要体现在两个方面——基础体系能力和产业体系能力。

第一，基础体系能力包括人工智能、新一代网络、大数据、云计算、边缘计算、物联网这6种能力。其中，信息通信相关技术占据基础体系能力组成的大部分，与智能技术互相促进，形成关键技术突破的合力，为智能技术应用的研究与发展提供信息、通信、网络基础设施。

第二，产业体系能力包括高清视频、视频监控、视频会议、VR、无人机、机器人等创新应用能力。作为用户侧出入口技术，信息通信技术将为上述关键应用提供信息收集、展现与执行的功能，为垂直行业领域拓展智能技术应用提供创新装备和可靠连接。

可见，基础体系能力与产业体系能力的融合，将使智能技术的整体竞争力得到提升，能推进产品研发和产业升级，提高生产力水平，助力实体经济发展。在具体的融合过程中，信息通信技术和新型网络技术作为底层基础性技术，将从"智慧大脑"到"神经末梢"提供无处不在的数据连接，从"8K高清实时视频"到"若干位的控制指令"提供无所不能的数据形态，从"政务交通等智慧城市管理"到"教育旅游等惠民产业促进"提供无时不有的数据应用。信息通信技术在智能技术系统性的技术发展中发挥着至关重要的作用。

（二）智能技术对信息通信技术的新需求

概括而言，智能技术是对人的意识和思维过程的模拟，利用机器学习和数据分析方法赋予机器人的能力。依据相关技术的成熟度、应用场景的明确性，以及在产业界、学术界、投资界引起的关注度，我们围绕七大智能技术的特点展开讨论，总结并提炼智能技术对信息通信技术的新需求。

第一，计算机视觉技术，是指研究如何使机器能"看"的技术，更进一步地说，是指用摄影机和计算机代替人眼对目标进行识别、跟踪和测量的技术。近几年，计算机视觉技术实现了快速发展。2015 年，基于深度学习的计算机视觉算法在 ImageNet 数据库上的识别准确率首次超过人类。

第二，自然语言处理技术，是指用计算机对自然语言的形、音、义等信息进行处理，具体表现形式包括机器翻译、文本摘要、文本分类、文本校对、信息抽取、语音合成、语音识别等。

第三，跨媒体分析推理技术，是指越来越多的任务能够像人一样协同处理多种形式（如文本、音频、视频、图像等）的信息。通过"跨媒体"能从各自的侧重面表达相同的语义信息，能比单一的媒体对象及其特定的模态更加全面地反映特定的内容信息。

第四，智适应学习技术，是教育领域最具突破性的技术之一。它模拟了老师与学生的一对一教学过程，赋予了学习系统个性化教学的能力。和传统千人一面的教学方式相比，智适应学习方式给学生带来了个性化的学习体验，提升了学生的学习投入度和学习效率。

第五，群体智能技术，是一种共享的智能技术，是集结众人的意见进而转化为决策的过程，用来应对单一个体做出随机性决策的风险。

第六，自主无人系统技术，是指能够通过先进的技术进行操作或管理而不需要人工干预的技术。这是一种由机械、控制、计算机、通信、材料等多种技术融合而成的复杂技术。自主无人系统可应用到无人驾驶车辆、无人机、服务型机器人、空间机器人、海洋机器人、无人车间、智能工厂等场景中，并实现降本增效。

第七，脑机接口技术，是在人或动物脑（或者脑细胞的培养物）与外部设备间建立直接连接通路的技术。自 2013 年美国宣布启动"脑计划"以来，欧洲、日本、韩国等国家和地区陆续参与"脑科技"竞赛项目，全球在脑机接口相关领域的研发资金已达数百亿美元。

从上述智能技术的特点来看，信息通信技术需要在提供优质通道的基础上，提供海量的具备云端"大脑"能力的数据交互能力，还要提供更具针对性的定制化网络通信能力，以满足新一代智能技术创造的典型应用场景。

从字节到语音、文本、图片、视频，可以说，信息通信技术在其迭代过程中裂变出了越来越多的应用场景。伴随着信息通信速度的极大提升，在线游戏、视频点播、视频直播等更加丰富的通信应用得以实现。在进入"智能技术时代"后，信息通信技术将会在"从一到多"的跨越应用场景中得到发展。信息通信技术不仅要实现更大带宽的连接，以提供三维、超高清视频、VR、云办公等沉浸式交互方式升级，还要在高实时、高可靠、跨媒体融合等下一代信息通信技术上突破，以催生更多的应用场景，使移动医疗、自动驾驶等应用成为现实。

（三）智能技术加快信息通信网络创新

自互联网诞生以来，信息通信网络的开放透明、结构分层和互联互通等特性使其逐渐遍布全球。可以说，信息通信网络已经成为现代信息社会的支柱。随着智能技术触发新一轮的技术革新，人类社会生活将与信息通信网络进一步深度融合，用户对信息通信网络的使用需求将跨越式发展。

在智能技术的推动下，信息通信网络将向着更可靠、更可信、更安全、更坚固、高性能、高可用、无处不在、无缝集成并具有规模化商业运营能力的全球开放信息基础设施方面发展，以支撑世界各国政治、经济、科技、文化、教育、国防等各个领域的全面智能化。

但是，现有的互联网难以有效满足这些要求。"尽力而为""一切基于IP""瘦腰结构"等"先天基因缺陷"，使传统互联网和信息通信技术体现出服务适配、通信质量保障、可扩展性、安全性、可管可控能力等方面的一系列亟待解决的问题。可是，这些问题很难在现有架构下得到有效解决。因此，信息通信网络创新成为当下的热点研究课题。在技术层面，信息通信网络的研究和设计，关注的不仅有简单的主机到主机的数据分组传输、主机的位置，还有丰富的业务、内容和服务。一方面，转变现有的互联网设计理念，将网络设计成一个服务池，信息通信网络不再是简单的数据传输通道；改变现有的业务系统、通信系统、安全系统独立部署的体系结构，实现网络内生服务、网络内生安全的新型网络体系结构。另一方面，在网络协议中增加应用业务与信息传输的关联性，实现不同业务与不同传输模式之间的适配，提高网络通信质量和安全性。可见，信息通信网络创新包括以下特点：促进多网络融合、多维度可扩展、动态适应能力强、服务无处不在、可靠坚固、高性能、安全可信、可管可控、可回溯、成本低收益高、适合商业运营。

信息通信网络创新的部署和商用，将围绕虚拟化、云化融合的技术革命推动信息通信网络环境的重构与转型，其超高速的数据传输能力和万物互联的标识解析体系将重新赋予社会协作的智能化新模式。通过新模式与智能技术解决方案的结合，可以深挖既有应用场景的智能化升级潜力，持续拓展和延伸应用场景的边界。同时，社会协作模式的转变将逐步激发和培育全新的应用场景，催生出智能化新产品、新模式和新产业。

（四）智能技术催生高实时、高可靠的视频通信发展

信息通信网络最核心的要求就是高实时、高可靠、高带宽和多维度的融合。在现阶段，高清视频通信应用在技术上相关性强，且产业需求旺盛，将成为引领网络技术演进的应用场景和重要阶段。

以 5G 技术发展为例，to C（指 to Customer，即面向客户）和 to B（指 to Business，即面向企业）的大视频业务构成 5G 产业第一波基础通用业务，并在 5G 产业中占据长期战略地位。面向下一代信息通信网络的新特性，使用户不仅能观看当下各类视频内容，还能随时随地体验 8K 以上分辨率的超高清视频。《全球传播生态蓝皮书：全球传播生态发展报告（2019）》提到，未来 10 年内，5G 用户的月平均流量将有望增长 7 倍，而其中 90% 的流量将被视频类应用消耗，预计到 2028 年，全球总市场体量将达到近 1500 亿美元。传统的视频行业将被重构，无所不在的高清视频势必催生出更多新型业务，并应用于政务、医疗、金融、景区、酒店、博物馆、教育、体育、展会等场景。

三、智能技术与金融领域深度融合

（一）智能技术应用在金融领域中的优势

智能技术的应用对金融领域的发展有着促进作用，能促进金融服务形成标准模型化的系统。智能技术应用在业务流程方面更为简单，如互联网金融就向着"互联网＋金融＋大数据"以及智能技术的方向发展，并发挥其决策以及预警的作用。智能技术处理复杂数据和进行准确的机器学习的能力比较突出，能迅速建立合适的评分规则以及决策体系，结合用户选择来提供金融产品，并能在风险控制方面发挥其积极作用。

金融领域应用智能技术优化金融服务，使其更为智能和主动。金融业是服务行业，因此维持客户关系对于金融业来说是比较重要的。随着"网络时代"的到来，智能技术和金融业建立了越来越密切的关系，网上银行等为客户提供了方便的服务，使得金融服务向着智能化的方向发展。智能技术的应用还可以简化与客户交流沟通的流程，提高客户友好度。这也是优化整体服务质量的表现。

金融领域发展中的风险是常见的。传统金融领域发展中的风险防范能力比较薄弱，已经不能很好地适应新时期的金融领域发展要求，这就需要应用智能技术。将金融领域和智能技术紧密结合，能大大提高金融风险防范能力，节约人工成本，提高工作的整体效率和准确度，从而保障金融体系的安全。不仅如此，应用智能技术，处理金融数据的能力也能大大提高。

智能技术在金融领域中的应用已经有很大进步，成为金融领域未来发展的重要方向。智能技术的应用能为金融服务优化提供技术支持，金融服务需求也将大大增加，智能技术应用的前景也将是广阔的。随着智能技术的逐渐成熟，其应用范围也将逐渐扩大。

（二）智能技术应用在金融领域中面临的挑战

智能技术在金融领域中的应用虽然起到了积极作用，但是也面临不少挑战，主要体现在智能技术的基础应用不够充分、关键技术的研发能力不够强，这大大削弱了智能技术应用在金融领域中的竞争力。我国在智能技术领域的发展时间相对短，基础设施建设还不完善，在核心技术上还需要进一步突破，专业化人才的缺乏是影响智能技术在金融领域中应用效果的重要因素。面对多维复杂数据，智能技术应用的创新发展也面临很大挑战。当前，对多维数据信息供应生态链实施深度分析的能力有待加强，大数据资源对智能技术开发产生的影响也比较大。技术安全风险的不断增加，也是影响智能技术在金融领域中应用的重要因素。此外，金融监管方面有待加强，这对智能技术的应用规范发展有一定影响。

在金融领域中应用智能技术带来了诸多便利，但是也带来了诸多安全风险，这主要体现在信息泄露上。数据如果泄露，就会暴露用户个人隐私，甚至造成用户财产损失和人身安全威胁等。智能技术在金融领域的应用中，信息泄露和金融诈骗息息相关。我们要重视智能技术的科学应用，保障智能技术应用的安全和金融领域的安全。

在智能技术的实际应用中，技术风险值得关注。伦理道德风险的争论较大。因技术而造成的金融风险虽然能通过相应技术手段得到限制，但不能有效消除。智能技术是和网络技术结合应用的，网络系统如果遭到攻击破坏，必然会给金融领域发展造成很大的安全威胁，系统风险也可能引发严重后果。网络的中断以及数据信息丢失等，都会对金融业务造成致命影响。

安全风险还体现在智能程序错误方面。智能程序出现错误，数据分析就会出错，数据信息的准确度就很难得到保证。程序错误对金融结构的分析以及风险管理决策的制定都会产生不利影响，也会造成损失。智能技术应用的安全风险中的数据采集合法性风险也是比较突出的，为保障金融风险管理的正常实施，需要采集大量数据进行处理分析，但对数据采集的合法性可能存在问题。有的商业银行通过自助发卡机对客户身份进行采集，其中有些不符合反洗钱法律规范的要求。在云技术的应用下，数据采集范围也在进一步扩大，这就使得数据采集的合法性问题越来越突出。

（三）智能技术应用在金融领域中的安全风险防范措施

要保障金融领域对智能技术的科学应用，就要从安全风险的控制角度出发，提出安全风险防范措施。

第一，注重智能技术程序的完善设计，保障程序设计的科学性。要打造透明化的智能技术以及道德的智能。相关设计人员要提高自身的技术水平，制定有指导意义的设计原则。要强化对智能技术的开发以及设计和管理控制过程，保障在信息处理出现歧义以及错误的时候能及时进行补救，避免问题的扩大。这样才能充分发挥智能技术在金融领域中的作用。

第二，加强专业人才的培养，提高智能技术的核心研发能力。注重培养领军人才，为智能技术在金融领域的应用打下基础。注重业务创新力度的强化，以及对复合型人才的引进。

第三，加强风险控制的力度，风险控制相关措施要得以落实。通过实施严格审计措施，严格把关业务环境的验证、数据采集来源以及程序算法测试。在运行的软硬件的安全检查方面也要加强控制。不仅如此，还要完善和落实安全风险控制的相应制度。

（四）应用智能力量应对金融领域风险和挑战

数据安全、交易安全、传统网络安全技术和安全管理方面的问题，归根结底是金融机构的网络安全问题和业务风险问题，这既考验金融机构网络安全团队的网络安全运营能力和构建主动防御、纵深防御体系的能力，又考验网络安全团队支撑业务连续性的能力和抵御网络安全风险的能力。

针对数据安全，应建立数据生命周期体系，对数据进行分级保护，采用加密算法对相关移动终端、App 和移动介质进行加密管控，并对电子邮件系统进行敏感信息检测、过滤，最大限度减少钓鱼攻击和木马、蠕虫等恶意软件造成的损失。

在交易安全上，应充分构建自主可控的业务安全能力。使用业务威胁情报辅助风控机制，协助提高业务安全，降低业务风险。同时，应根据相关法律法规规定，采取动态验证、人脸识别、访问控制等多种手段保护用户账户安全，保证多账户、多业务交叉认证的平滑性和安全性。

在传统网络安全技术和安全管理方面，应以建立主动防御、纵深防御体系为目标，做好安全漏洞生命周期管理，围绕全日志、全流量构建入侵检测体系，对多职场、多网络日志进行智能化统一管理，并引入高质量动态威胁情报，精准检测网络威胁，联动防火墙、Web 应用防火墙（Web Application Firewall，WAF）等安全设备进行快速响应，从而完善安全事件应急机制和提高灾难恢复能力。大型金融机构应落实等保三级相关要求，建设安全信息和事件管理（Security Information and Event Management，SIEM）系统、安全运营中心（Security Operations Center，SOC）、态势感知系统等。

四、智能技术促进教育领域变革

智能技术是引领新一轮科技革命和产业变革的重要驱动力，正深刻改变着人们的生产和生活，推动人类社会迎来人机协同、跨界融合、共创分享的智能时代。作为一种渗透性很强、具有颠覆性的通用技术，智能技术对教育的变革作用日益凸显。使用智能技术解决教育难点问题、增强国家竞争力已经成为国际共识。为此，我国相继发布了《新一代人工智能发展规划》《中国教育现代化 2035》等一系列政策性文件，加快实施教育信息化 2.0 行动计划，以教育信息化支撑、引领教育现代化。

智能技术可实现"个性化"教学。智能技术影响教育的关键方法之一，是使学生实现个性化学习。通过自适应学习程序、游戏和软件等响应学生的需求，全过程搜集学生的学习数据，通过分析这些数据，向学生推荐个性化的学习方案。依托人工智能的概念，大量资本涌入教育行业。在未来教育中教师将与智能技术协同共存的观点正在逐渐成为主流观点。

（一）智能技术支撑教育加快变革进程

对人工智能教学应用的研究在人工智能技术出现后就出现了。最早将人工智能技术应用于教学的尝试可以追溯到 B. F. 斯金纳（B. F. Skinner）于 1958 年开发的程序性教学机器，它能存储和呈现教材，接收学习者的回答并进行反馈，以强化学习者的学习动机。此后，多个领域的研究者从不同角度研究了人工智能技术在课堂实践、教师协作、学习者支持等方面的应用，并取得了丰富的研究成果。例如，将人工智能技术与教育学、心理学、神经科学、语言学、社会学、人类学等领域的相关理论结合，开发了各类人工智能教学应用工具，如智能导学系统、智能代理、自动化测评系统、教育游戏等，并在教学中进行了大量实践。

人工智能在教育教学中的应用越来越受到重视，大量基于人工智能的教育教学工具应用在不同的场景中，逐步被教育者和学习者接纳。研究者也开始对人工智能在教学过程中引发的变革进行积极探讨，国内学者从人工智能对教师职业的再造、人工智能教师在未来教育教学中代替人类教师所承担的角色、智能时代的教师工具、人工智能时代教师角色与思维的转变等方面进行了研究。主流观点认为，人工智能在可预见的未来并不会完全替代教师，但未来将会是教师与人工智能协作共存的教育新生态，但此类研究多偏向于理论探讨、宏观分析，结合案例的教学实证研究较少。国外人工智能教育研究起步早，且更加注重实证研究，可为国内人工智能教学应用的研究与实践提供借鉴。

教育领域中的两大目标，一是学生学习效率的提高，其最终结果可体现为成绩提升；二是教师教学水平的提高，其最终结果可体现为老师被学生所喜欢，同时促使学生成绩更快地提升。除了使学生学习效率提高，更重要的是资源的连接、共享和分发。

在我们今天所处的弱人工智能阶段，人工智能产品对学校教育的影响更多的是补充。比如音乐领域的 Yousician，可以从零开始帮助学习者掌握一门乐器的初级乃至中级技能。但这类产品还无法取代学校教育。当强人工智能教育产品出现的时候，学校教育将开始自发变革。教育资源稀缺的地区、学校，会首先启用人工智能教师来补充自身的不足。市场自身的力量会把这些不发脾气、不会疲劳、具备全面教育教学能力的人工智能教师带入千家万户，最终人才市场的选择将会逆向推动学历制度的变革。真正的学校教育终结者不是人工智能，而是教育资源分配差异化。这种差异化有宏观上的地域差异，也有微观上的学校内部不同班级、不同学科的差异。而人工智能最终将消除这种差异，让每名学生都可以选择自己喜欢的方向，并获得优质的教育服务。

智能技术在教育领域的应用虽然没有使教育的本质发生改变，但为教育提供了新的教学方式，打破了教育原有的组织秩序，同时为解决教学问题提供了更多的解决方案，这促使了教学模式的改革和教育在以下几方面的巨大飞跃。

一是推动教育资源开发与建设。随着信息技术水平的不断提升，学生接受教育的方式越来越多样化，学生在学习过程中会获取到更多的学习资源。不同于以往获取学习资源的封闭性，学生不仅可以通过在课堂上听教师的讲解来获取知识，还可以在更加广阔的网络平台上获取对自己的疑问的解答。除此之外，人工智能将通过科学、先进的智能系统把教师的整个授课过程传输到网络平台上，甚至连教师的教学方法也可以包含在里面。这样，除了方便学生，也方便其他教师学习优秀教师的授课方法。智能技术为教师展示自我提供了一个安全可靠的平台，有利于教师进行自我完善，从而推动教育资源开发与建设。

二是有利于提升学习效率。在信息技术不断发展的今天，互联网搜索已经成为人们获取知识的主要方式之一，然而不得不承认的是，网络信息的量太大，在搜索时很容易因为关键词不准确而导致检索信息有误或出现无关信息。智能技术可以根据它对关键词的理解从海量信息中为用户提供最直接、最有效的内容，大大缩短了检索有用信息所需要的时间，实现了检索过程的智能化，提高了检索效率。此外，在学习过程中，学生可以根据智能技术得到为其"量身制作"的学习方法。同样，教师也可以根据智能技术得到适合自己的教学策略，而且对于学生在学习过程中出现的问题，智能技术也可以提供相应的解决措施，从而提升学生的学习效率。

三是有利于提升教学质量。智能技术在教学方面的应用让整个教学过程变得便捷、高效。它主要通过以下几个方面来为教学过程提供便捷：①利用计算机为学生展示大量的图片与文字，为学生提供有用的信息与数据，便于学生学习和掌握；②人工智能中的虚拟手段可以帮助教师实现复杂的教学设计，图像识别技术可以帮助教师减轻批改作业的负担，让教师有更多的时间与精力投入教学；③语音识别技术可以帮助教师检测学生的外语口语能力，并纠正学生的错误发音；④教学助手可以在线为学生答疑解惑，让学生不一定非要通过与教师交流才能得到答案；等等。这些都大大提升了教学质量。

（二）智能技术推动我国教育变革

经过多年发展，特别是近 10 年的快速发展，我国教育信息化工作取得了令人瞩目的成绩。我国中小学（含教学点）已全部接入互联网，超过 3/4 的学校实现无线网络覆盖，中小学数字化教学条件全面升级。国家中小学智慧教育平台自 2022 年 3 月上线以来，平台浏览总量快速上升，基本成为世界第一大教育资源数字化中心和服务平台[①]。教育信息化正在为构建平等地面向每个人、适合每个人，更加开放灵活的高质量教育体系发挥重要作用。

一是促进学生学习方式转变。智能技术对生活的深层次融入，正在改变人们的能力观、知识观和学习观，单纯"消化"书本知识的学习方式将成为过去，线上线下结合的体验式学习、项目制学习、小组合作学习，以及疫情期间成效显著的弹性学习和自主学习正成为主流学习方式。目前，各类即时通信工具、远程会议系统、电子书包、班级管家、学科学习 App 等已得到广泛使用。基于互联网与人工智能技术的新型学习方式使学生在家里也能与学习同伴或教师建立协同关系，开展研讨交流与项目合作。在智能教学工具的支持下，新型学习方式有力提升了学生的学习效率。

二是促进教师角色转变。智能时代教师的角色将发生明显变化，其知识性的教学角色或将部分被智能技术取代，教师将从批改试卷、作业等繁重的重复性劳动中"解放"出来，将更多的精力投入对学生的个性化引导和培育。教师与人工智能的高度协同将成为大趋势。北京、上海等地开发的"智能教学助手"和"智能学伴"，不仅可以精准响应学生的学习需求，还根据不同年龄段学生的差异设计了多种版本，走出了"因材施教"的新路。北京师范大学的国际合作研究项目"人工智能教师"（AI Teacher）通过大数据预测了未来人工智能教师的工作，包括自动阅卷、学业诊断、心理辅导、体质健康监测、个性化教学指导等。

三是促进课堂形态转变。发展智能时代的教育重在"课堂革命"，即利用智能技术实现对传统教学的重构。近年来，各类基于新技术的教学创新不断涌现，包括远程专递课堂、网络空间教学、异地同步教学、翻转课堂、双师教学、校园在线课程、基于设计的学习、引导式移动探究、协同知识建构、能力导向式学习等。疫情期间，清华大学依托智慧教学工具"雨课堂"启动了线上教学。课前，教师将带有慕课视频、习题、语音的预习课件推送到学生手机，师生沟通能即时得到反馈；课上，学生实时答题、以弹幕形式互动。这为课堂教学互动提供了有效解决方案。可以预见，在不远的将来，课堂教学将从过去简单的

---

① 《中小学互联网接入率达 100% 超过 3/4 学校实现无线网络覆盖》，《人民日报》2023 年 1 月 4 日。

"舞台剧"式的教师独白，变成虚实结合、生动有趣、实时交互的"大片"，使学生成为真正的主角。这样的课堂将提高学生的学习兴趣、学习主动性和学习效率，帮助他们实现个性化成长和全面发展。

四是促进评价体系转变。基于数据驱动的教育创新是智能时代的教育区别于传统教育的重要特征。利用教育大数据全程采集、记录、分析学生的学习过程，能够改变过去单一的评价模式，助力实现德、智、体、美、劳"五育并举"的素质教育，同时也有助于破除应试教育对教育整体跃迁的阻碍，释放智能教育对创新型人才培养的巨大潜能。例如，湖南省长沙市以网络学习空间"人人通"为载体，整合课堂教学、在线学习、社会实践活动和体质健康、综合素质评价、教育质量综合评价等应用系统，实现了单点登录、互联互通、数据共享，形成了学生成长数据的智能化汇聚，为精准开展学生综合素质评价提供了重要依据。

（三）智能技术在教育中的发展趋向

在教育领域中，智能技术主要关注将机器学习、问题求解、逻辑推理、自然语言理解、自动程序设计、专家系统、模式识别、机器学习算法、数据挖掘等人工智能技术嵌入各类教学与决策工具、系统或平台，支持构建学习情境、规范学习行为，促进学习参与、提供学习支持、评估学业水平和能力结构、制定个性化学习路径和内容。智能技术旨在帮助教师实施差异化教学以改善教学效果、优化教学方式与路径，根据个体特定的情境、困难和需求，提供课内外结合的个性化学习服务。这些研究成果对我们开发人工智能教学产品，开展关于认知特征、学习本质和教育规律的研究提供了方法指导和可供借鉴的研究范式。但也不难发现，目前，人工智能教学应用的成效表现和应用范围与人们的期待仍相去甚远，存在狭窄化、碎片化的问题，因此需要关注多元化的应用情境，改变以讲授、练习、测试为核心的人工智能教学应用现状，避免人工智能沦为单纯强化应试教育的工具。当前，人工智能教学应用研究多定位于教学过程中的某个特定方面，如文本测评、学习能力结构评估、适应性及个性化学习系统等，这样就忽视了学习者整体素质的提升和发展，忽视了人工智能赋能教师的理论基础研究，忽视了人机协同教学机制与教学模式等的研究。

鉴于此，未来的智能技术教学应用研究应在目前微观研究的基础上，从中观、宏观层面注重以下几个方面的研究。

1. 人工智能与教学的关系研究

在教学场景中应用的人工智能技术是基础，它能够促进教学目标的有效实现和学习者的发展，主导人工智能的教学内容、方式等。如何最大程度地发挥人工智能教学应用价值，批判性地分析和判断人工智能技术应用引发的不同学习体验，正确认识人工智能技术在教学中发挥作用的前提、条件和约束，并找到两者之间的契合点，将人工智能技术有效融入教学，最大限度地发挥教师的教学智慧，是需要研究的问题。

2. 人工智能教学应用关键技术研究

这里所说的人工智能教学应用关键技术不是指专家系统、自然语言处理、人工神经网络、机器学习等技术本身，而是指借助这些技术，结合教育学、心理学、脑科学等，探索智能时代的认知特征、学习本质与教育价值，开发人工智能教学应用的关键技术，其中包括基于学习者学业诊断及行为数据分析的智能推荐服务技术，基于社会性、情感性和元认知模型的学情分析服务技术，基于业务建模的监控、模拟和预测的决策支持服务技术，基于适应性学习策略进行形式化描述的方法与模型服务技术，基于教育机器人的系统架构服务技术等关键技术。

3. 人工智能赋能教师的理论基础研究

人工智能赋能教师的理论基础研究是明晰技术赋能教师和人机协同教学的内在逻辑和学理依据，主要涉及人工智能、教师群体的本质属性及二者之间的关系。其中，人工智能本质的探讨需从技术哲学层面深入分析人工智能嵌入教育系统的内在逻辑基础、优势潜力及应然状态；教师群体本质的探讨主要从技术哲学、教育学层面分析人类教师本身的人性结构缺陷和技术赋能的现实需求。在人工智能和教师群体的关系分析中，需明确教育生态系统中人工智能这一技术和教师群体的各自生态位及作用，明晰二者的自身优势和不足，如人工智能在机械且重复的任务处理、创新性展示与交互、个性化学习体验等方面的优势，人类教师在批判性思考、社会和情感交互等方面的优势，为后续实现人工智能生态位和教师群体生态位的有效整合（即人机协同的分工合作）提供基础支撑。

（四）大力推进智能时代的教育变革

教育，在其广义的层面上是人类经验的社会性延续的手段，而智能技术与教育的融合创新将成为"催化剂"，在变革教育自身的同时，重塑人类的未来。

一是适应智能时代发展需求，大力培育创新型人才。智能时代的来临为教育发展提供了新的愿景。以智能技术促进学习方式和教学方式的根本转变，培养适应未来社会的创新型人才，成为教育的重要课题。要充分发挥网络教育和智能技术的优势，加快发展伴随每个人一生的教育、平等面向每个人的教育、适合每个人的教育、更加开放灵活的教育。通过发展教育信息化，推动教育供给侧改革，构建以信息技术为支撑的教育新生态，提升教育品质，建设高质量教育体系，培养具有良好价值取向、善于观察、善于独立思考、善于协作沟通、善于创造创新、善于解决复杂问题的创新型人才。

二是技术赋能教育，加快教育变革进程。智能技术与教育教学的深度融合正在转换教育发展的动力结构，推动一场贯穿"教、学、管、评、测"全空间、全维度、全场域的大变革，实现对传统教育的理念重塑、结构重组、流程再造和文化重构，逐步形成促进人的全面、自由、个性化发展的教育新生态。利用教育大数据全程采集、记录、分析教学过程和学生学习过程的优势，可优化教学服务供给与学习需求的匹配度，有助于破除应试教育的壁垒，实现"五育并举"的素质教育。2019 年，教育部启动了"智慧教育示范区"创建项目，在北京市东城区、河北雄安新区等 8 个区域开启了智能时代教育创新的探索和实践。"智慧教育示范区"创建项目通过构建智慧教育环境，促进教学理念转变和教学模式变革，加快建立现代教育体制，努力推动人才培养模式的根本转变。

（五）智能技术与教育融合发展环节

完整的教育生态是教育、人、外部环境之间关系运动的总和。面对新的时代特征，教育势必要根据社会环境的新情况、新变化重构新生态。教育生态指教育的结构系统，包含教育各要素及其相互作用。教育生态的产出及场域就是教育，其运行过程有特定的教育目的和培养目标。

　　面对智能技术对教育的冲击，有些人"看不见"，有些人"看不懂"，造成技术的"不用""误用""滥用"，教育生态面临巨大挑战。过去，因工业化大生产的需要，培养生产者和劳动者是现代教育的主要目标。当人工智能把许多人从工作中解放出来，工作对人的创造性和专业性提出了更高的要求。因此，教育等同于知识和技能的时代将成为过去，传统"工业化"模式下的教育体系也面临着挑战，整齐划一的班级授课制将不能满足创新型人才培养的需求。在传统教育中，考试成绩和录取率作为学校人才培养质量的重要衡量指标，学习资源主要来自教材和其他书本，教师角色一直被定位为"传道、授业、解惑"。为了实现学生自主学习和个性化发展的目标，应该利用信息技术拓展"课堂、教师、教材"育人模式。

　　智能时代教育新生态的重构，关键在于教育观念的转变。越早转变观念，我们就越能站在时代发展的最前列，为社会创造更多价值。在构建未来教育新生态的过程中，我们需要科学认识智能技术对教育发展的重大意义，理性对待其中的利弊。智能技术的发展促进了教育形式和类型的多样化，它并不局限于培养人工智能专门人才，重点在于培养学生掌握面向未来人工智能社会全新的学习和生活方式。智能技术可能会泄露个人信息、影响就业前景、冲击社会伦理等，但不能将智能技术可能带来的弊端无限放大，作为拒绝变革的理由。智能技术考验着传统教育模式、考验着学校的人才培养质量、冲击着教师的主导地位。

　　智能时代的到来，使创新能力、编程思维能力、社会交往能力、心理调适能力成为教育的重要内容。教育的基础是学习。就当前的技术发展水平而言，让机器像专家一样独立高效学习还难以实现，在互联网支持和教师指导下的自主学习、研究性学习、创造性学习有可能成为学习常态，这也是"互联网＋教育"的目标之一。人机共生智能化学习系统、模式是需要我们深入探索的前沿问题。

　　鉴于这样的学习理念，教学环境将不再囿于传统教室，转而拓展出网络学习空间，为学生提供随时随地自主学习的资源与空间。在这种智能化、泛在化的学习环境中，人人可学、处处可学、时时可学成为现实。数字化学习资源将打破学科壁垒，基于学习者行为数据分析进行精准推送，智能机器人提供一对一的个性化教学服务，以"学"定"教"，使因材施教成为可能。传统课堂的讲授方式将逐渐被问题导向式学习所取代，教师将成为问题呈现者、资源提供者、个性化评价者和心理成长的培育者。在人工智能时代，教育将更人文化、更多元化，更具开放性。

智能教育的开展离不开国家的统筹规划、科技团体的支持协作、公共服务部门的适应性调整。国家自上而下推行《新一代人工智能发展规划》，在中小学开设人工智能课程，加快智能校园建设，开发立体综合教学场，形成无时不有、无处不在的智能化环境。科技团队研发全面、高效的教育分析系统，推出定制化服务。公共服务部门加快对社会大众的人工智能普及教育，并针对人工智能教育可能存在的潜在风险进行提前干预和控制，保障教育新生态的良性循环。

智能时代已经到来，加速前进的智能技术成为新一轮教育革命的重要推动力。在未来，人类与机器可能会分工协作、相伴而行。我们要顺应时代发展，重构教育新生态，让未来的教育更加适应社会需要，更加适应新环境下的人才成长和培养规律。"人工智能＋教育"还可以使学生与世界交流，开阔学生的眼界。学生通过跨校、跨地区甚至跨国交流，不但可以获得各种各样的教育资源，在一定程度减少教育资源分配的不平等，而且可以看到更广、更大的世界。这对树立学生的学习目标、增加学习动力，都有很大的帮助。

面向未来，5G、人工智能、大数据、VR 等前沿技术正驱动教育结构的变革创新，开辟未来教育发展的新境界。应新时代人才培养目标的变化，未来教育必定朝着智能化、个性化、多样化、协同化、集成化的方向发展。为了在新形势下更好地应对随之而来的挑战，应抓住以下关键环节。

一是切实转变教育理念。长久以来，应试教育的壁垒阻碍着教育的发展和创新，要以智能技术促进教育思想、教育理念、教育观念的转变，使整个教育系统，特别是校长和教师，解放思想，摆脱应试教育的束缚，以适应新时代对人才培养的需求。

二是坚持教育自主创新。教育科学研究既要学习、借鉴国外先进经验，更要立足我国国情、教育实际情况，坚持自主创新。特别是疫情期间，全球范围内开展了大规模在线教育，涌现了大量鲜活的案例和具有推广价值的经验，要及时收集、整理与提炼，扎扎实实地开展研究，为"后疫情时代"的教育发展、线上线下教育融合等重要问题提出理论指导。

三是提升教师信息素养。信息素养是新时代教师的核心素养。要构建以校为本、基于课堂、应用驱动、注重创新、精准测评的教师信息素养发展新机制，采取多种方式全面提升教师应用信息技术改进教育教学的意识和能力，采取有效激励措施，推动教师主动适应互联网、大数据、人工智能等新技术变革。

四是创新人才培养模式。教师要合理发挥音频、视频、VR 等形式的效能，帮助学生理解、消化和吸收知识，激发学生的学习兴趣，提高学习效率，使学生成为学习真正的"主角"。学校和教师还应积极利用人工智能、大数据等技术，探索开展面向各年级学生学习情况全过程的纵向评价、面向学生德智体美劳全要素的横向评价，实现学生的个性化成长和全面发展目标。2020 年 12 月 7 日，通过线上线下相结合的方式，教育部与联合国教科文组织等共同举办了国际人工智能与教育会议。时任教育部部长陈宝生在开幕式主旨发言中提出，要在提升育人质量上着力，在促进公平包容上着力，在应用新技术上着力，在进一步扩大对外开放上着力。这 4 个"着力"很好地诠释了智能时代教育新生态中的每一位"参与者"应该秉持的理念、思维和行动方法。

（六）疫情下智能技术在教育中的应用

疫情期间，线上教育成为"刚需"。疫情刚开始时，教育部就提出"停课不停学"的要求，于 2020 年 2 月 17 日开通国家网络云课堂。云课堂将以部编教材及各地使用较多的教材版本为基础，向全国小学一年级至普通高中三年级师生提供网络点播课程。考虑到部分农村地区和边远贫困地区无网络或网速慢等具体情况，安排中国教育电视台通过电视频道播出有关课程。

教育部于 2020 年 1 月 27 日下发通知，2020 年春季学期延期开学，各机构线下课程取消，学生在家不外出，"停课不停学"成为各地教育行政部门和大中小学的主要防控措施。对于教育信息化和网络教学来说，疫情也许是一个契机，是一个把坏事变成推进教育变革的机遇。可以借助"人工智能＋线上教育"，为各地各校提供线上教育教学技术支持实施推荐方案，创新丰富线上教育解决方案。在线教育不受时空限制，可共享优质教育资源，方便快捷。学生可通过直播课程与教师互动，及时查漏补缺。

面对来势汹汹的疫情，全世界不计其数的学校、教师和学生几乎不得不在一夜之间开始远程教学和远程学习。世界各地的学校借助互联网技术，将教学从线下搬到线上，以维系学校的正常运行。其中，人工智能技术得到了广泛应用。美国教育主流媒体开展的调查发现，疫情封校期间，人工智能技术在学校和学区层面发挥了相当的作用，许多学校采取了灵活、丰富的人工智能手段促进教学。

与此同时，经济合作与发展组织（Organization for Economic Cooperation and Development，OECD；以下简称"经合组织"）与美国哈佛大学的全球教育创新计划项目对 59 个国家和地区开展的教育教学调研显示，有不少教师反映，远程教育在改变"教"与"学"空间的同时，带来了许多教育创新机会，如学习环境创新、混合学习、教师教学的新模式等。

显而易见，这些创新机会与互联网技术发展和人工智能的应用是密不可分的。在这种形势下，人工智能在教育中的应用再次成为全球教育界共同关注的话题。

荷兰的中小学教育中大规模使用了自适应学习技术。这些技术可以根据学生的需求调整学习材料，通过看板为教师提供广泛的观察角度，以了解学生的学习进展情况。在疫情期间，这些用于居家教育的自适应学习技术添加了一些新功能。例如，新增的通信模块使教师能够直接与学生对话。

智能技术有可能改善居家教育情况，居家教育也可以反过来帮助改善人工智能。得益于自适应学习技术，教师可通过看板跟踪学生的学习进度，做出技术无法做到的调整和反馈。由于这些都是通过技术实现的，因此教师在帮助学生的同时，也为改进人工智能提供了宝贵的数据。对于儿童来说，自适应学习技术对于在家学习更有帮助，因为它是根据学习者的需求进行调整的。即便是对于家庭环境不利于学习的儿童来说，这也可能会提高他们学习的效率。此外，这也为那些有特殊教育需求或需要个性化学习的学习者提供了一个很好的机会。因此，重要的是要看到自适应学习技术的相对优势，确保这些优势可以被大规模利用，并在未来的危机中可持续地支持居家教育。

（七）智能技术在教育领域应用的安全保障

在教育领域，无论是学校的管理者、教师，还是学生和家长，所出现的问题和担忧，最终都归结为两类问题：安全和教育培养。智能技术的应用，势必引发教育模式、教学内容、安全教育、教育治理、教学方式等多方面的改革。智能技术在给教育带来便利和服务的同时，也带来了巨大的风险和威胁。在教育领域中，人们似乎更关心智能技术的发展与应用，关注人工智能的基础建设、软硬件及其产生的教育大数据的利用率以及人工智能所带来的变化，而忽视了智能技术教育应用的潜在风险及其带来的新安全威胁。而这种威胁可能带来前所未有的危害。机器学习是人工智能的核心，也是实现人工智能的手段和方法，黑客正是巧妙利用机器学习进行智能攻击的。这也启迪人们利用机器学习对教育系统进行智能防御、自我修复和反攻击。

近年来，以搜索学习者信息尤其是隐私信息为主要目的的恶意程序正在不断涌现。比如，杭州某中学在课堂上应用智能探头及视频技术，就引起了较大的争议。我们应该思考，在推进数字化校园建设及教育智能化的过程中，该如何充分尊重与保证师生的隐私。技术永远在更新换代，它所隐藏的风险也时常带来一些不利影响甚至是危害，这需要我们未雨绸缪。

智能技术教育应用的潜在风险与安全威胁主要表现在以下几个方面。

1. 智能技术教育应用中的信息泄露

智能技术在教育中的应用离不开教育大数据，其本质是由无数松散的数据和算法构成的智能程序来模拟人脑的高级系统，数据和算法是其核心部分。教育领域中的智能技术需要教育大数据，但是教育大数据的采集、存储和处理不当对人们的威胁是很大的，尤其是私密信息的泄露。这种泄露包括因服务器管理人员的疏忽造成的泄露、由于个人对权限设置的不慎重或认识不清导致的泄露、教育产业服务数据流出引起的泄露，以及用以研究和商业数据挖掘造成的泄露，等等。

教育大数据的一个重要来源是移动智能终端的数据，这些数据包含个人的手机号码、身份证号码、地理位置、账号、电子邮件、文件等敏感信息，而移动平台的高度互联性会将用户信息暴露。一些以技术和数据起家的人工智能教育应用研发企业，要想短期盈利，仅靠研发产品比较困难，于是打起了教育大数据的主意，依靠售卖教育大数据牟取暴利，从而导致安全威胁。

另外，在教育大数据的采集和利用过程中，也会发生人为的、有意或无意的信息泄露。比如，教育报考信息系统成为黑客攻击目标，考生个人信息被打包出售。2016 年 4 月，四川省宜宾市一名网名为"魔法师"的 17 岁少年杜某某编写了一个木马程序，成功攻击了山东省 2016 年的高考网上报名信息系统，并盗取了约 64 万名考生的信息，将其出售以牟取暴利。在人工智能涉及的数据信息中，有相当一部分数据包含个人隐私。

2. 智能技术教育应用中的网络攻击

网络是人们学习、工作、生活和娱乐的新空间，也是黑客攻击的主要目标。通过入侵各种教育系统，篡改考生成绩、志愿等事件屡见不鲜。此处所论述的网络攻击是指一切对教育网络环境中的硬件、软件以及在教育大数据存储与传输过程中进行的不法攻击、信息获取和篡改等行为。

近年来，一些网络罪犯利用人工智能发起智能型攻击，比如服务拒绝、口令猜测、信息搜集、伪造和篡改等。相较之前，智能型攻击的攻击面更广、攻击力更大、攻击效率更高、隐蔽性更强。智能型攻击主要表现出以下特点：一是病毒程序无须人类指令操作就能够自动复制并迅速传播到整个教育网络中的其他设备、系统；二是远程分布式控制程序能够使教育网络中的计算机系统全部瘫痪；三是能够迅速完成教育大数据的采集、海量信息的关联和鉴别，更快、更精准地瞄准攻击目标；四是当攻击者遇到反击或发现原来的漏洞被修补之后，会自动调整策略转向其他目标或者找到另一漏洞入侵。而进入人工智能时代，教育网络不安全的因素主要有自身的缺陷、网络的开放性和黑客的智能型攻击等。

3. 智能技术教育应用中的虚假/恶意信息传播

"错误信息""虚假信息""恶意信息"等一直是教育网络面临的严重威胁。Vosoughi 等人在 *Science* 上发表的一篇论文中指出，"假信息总是比真信息传播得更快、更广"。虚假 / 恶意信息给整个社会的政治、经济和生活的各个方面造成了严重影响，尤其在教育中的影响更大，不仅影响学习者获取知识，还影响学习者的价值观和意识形态。对虚假 / 恶意信息的辨别、纠正与清理需要投入大量的教育资源与成本。

五、智能技术在工业领域中的应用

（一）工业领域中应用的关键智能技术

进入 21 世纪以后，随着科技的发展以及物联网的发展，智能化成为科技发展的趋势。工业作为社会经济的一大主体，推动着社会的进步，其科技的发展也朝智能化的方向变化。

智能工业是人工智能在制造业领域的应用，是制造业数字化、网络化、智能化转型发展的重要内容。随着人工智能技术的快速发展，结合机理模型、工程知识及工业大数据积累，制造业领域的人工智能模型逐步形成，并与工业软件、工业互联网平台集成，形成一系列融合创新的技术、产品与模式。人工智能赋能制造业领域，将提升生产效率、改善产品质量、降低生产成本，典型的应用场景有智能产品与装备、智能工厂与生产线、智能管理与服务、智能供应链与物流、智能研发与设计、智能监控与决策等。此外，人工智能还将促进产业模式发生革命性的变化，全面重塑制造业价值链，极大提高制造业的创新力和竞争力。

一个制造企业只有先进制造能力是不够的，还必须能够从产品开发、生产计划等方方面面快速响应市场需求，这说明企业的竞争力是全方位的问题。计算机几乎可以模拟所有的制造过程，提前验证设计要求，利用先进的技术优化全过程。信息化可以为工业化插上腾飞的翅膀。简单来说，制造业信息化技术的主要内容就是"5 个数字化"，包括设计数字化、制造装备数字化、生产过程数字化、管理数字化和企业数字化。制造业企业信息化的关键技术归结为 9 项主要关键技术，即数字、可视、网络、虚拟、协同、集成、智能、绿色、安全。随着全球化经济、知识经济、产品的虚拟可视化开发以及协同商务市场模式的深化，这 9 项关键技术的研究与应用，正在企业信息化工程中发挥着越来越大的作用。计算机及网络技术为制造业带来了重大变革和转机，制造业不断增长的需求也反过来推动了数字技术在产品开发、制造、发布等方面的不断发展和进步。

1. 智能工业的关键技术——物联网技术

智能工业的实现基于物联网技术的渗透和应用，并与未来先进制造技术相结合，形成新的智能化制造体系。所以，智能工业的关键技术是物联网技术。

物联网技术的核心和基础仍然是互联网技术。物联网技术是在互联网技术基础上延伸和扩展的一种网络技术，其用户端延伸和扩展到了任何物品。因此，物联网技术是指通过射频识别（Radio Frequency Identification，RFID）、红外感应器、全球定位系统（Global Positioning System，GPS）、激光扫描器等信息传感设备，按约定的协议，将任何物品与互联网连接，进行信息交换和通信，以实现智能化识别、定位、追踪、监控和管理。

制造业供应链管理物联网应用于企业原材料采购、库存、销售等领域，通过完善和优化供应链管理体系，提高了供应链效率，降低了成本。物联网技术在工业领域的应用案例如下。

生产过程工艺优化 物联网技术的应用不仅提高了生产线过程检测、实时参数采集、生产设备监控、材料消耗监测的能力和水平，而且提高了生产过程的智能监控、智能控制、智能诊断、智能决策、智能维护水平。例如，钢铁企业应用各种传感器和通信网络，在生产过程中实现对加工产品的宽度、厚度、温度的实时监控，从而提高了产品质量，优化了生产流程。

产品设备监控管理 各种传感技术与制造技术的融合实现了对产品设备操作使用记录、设备故障诊断的远程监控。例如，通用电气在全球建立了 13 个面向不同产品的监测中心 iCenter，通过传感器和网络对设备进行在线实时监测，并提供设备维护和故障诊断解决方案。

环保监测及能源管理 物联网技术与环保设备的融合实现了对工业生产过程中产生的各种污染源及污染治理各环节关键指标的实时监控。例如，在重点排污企业排污口安装无线传感设备，不仅可以实时监测企业排污数据，而且可以远程关闭排污口，防止突发性环境污染事故的发生。电信运营商已开始推广基于物联网技术的污染治理实时监测解决方案。

工业安全生产管理把感应器嵌入或装备到矿山设备、油气管道、矿工设备中，可以感知危险环境中工作人员、设备机器、周边环境等方面的安全状态信息，将现有分散、独立、单一的网络监管平台提升为系统、开放、多元的综合网络监管平台，实现实时感知、准确辨识、快捷响应、有效控制。

2. 物联网技术改变工业自动化

物联网的产业链，即所谓的 DCM（代表 Device/Connect/Manage，即设备 / 连接 / 管理）与工业自动化的三层架构相对应，在物联网环境中，每一层的功能都来自原来传统功能的大幅进化。在设备层，达到所谓的全面感知，就是让原本的物件升级为智能物件，可以识别或撷取各种数据；在连接层，要实现可靠传递，除了原有的有线网络外，还扩展到各种无线网络；在管理层，则要将原有的管理功能升级为智能处理，对撷取的各种数据做更智能的处理与呈现。

传统的工业自动化控制系统包括三层，分别是设备层、控制层、信息层。设备层的功能是将现场设备以网络节点的形式挂接在现场总线网络上，依照现场总线的协议标准，设备采用功能模块的结构，通过组态设计，完成数据撷取、A/D 转换、数字滤波、温度压力补偿、PID 控制等各种功能；控制层是自动化的基础，其功能是从现场设备中获取数据，完成各种控制、运行参数的监测、警报和趋势分析等功能，控制层的功能一般由工业计算机或可编程逻辑控制器（Programmable Logic Controller，PLC）等完成，这些设备具备网络能力以协调网络节点之间的数据通信，同时实现现场总线网段与以太网段的连接；信息层是提供实现远程控制的平台，并连接到企业自动化系统，同时从控制层提取相关生产数据用于制定综合管理决策。

从某种程度来说，物联网技术可以使所谓的自动化、信息化"两化融合"的愿景更具体实现，自动化从业者长期以来都朝着信息化目标前进，在物联网的基础上，传统的客户 - 服务器架构可以转换成浏览器 - 服务器架构，在生产制造、智能建筑、新能源、环境监控以及设备控制等领域有更广泛的应用。具体而言，自动化资料如果没有经过信息化集成，一般使用者还是无法使用的。同样地，仅有信息化功能，而缺乏自动化内容，一样也是空泛无用的。因此，两者缺一不可。

3. 物联网技术与制造技术结合

与未来先进制造技术相结合是物联网应用的生命力所在。物联网技术是信息通信技术发展的新一轮制高点，正在工业领域广泛渗透和应用，并与未来先进制造技术相结合，形成新的智能化制造体系。这一制造体系仍在不断发展和完善中。物联网与先进制造技术的结合主要体现在以下 8 个领域。

泛在网络技术 建立服务于智能制造的泛在网络技术体系，为智能制造中的设计、设备、过程、管理和商务提供无处不在的网络服务。面向未来智能制造的泛在网络技术发展还处于初始阶段。

泛在信息处理技术 建立以泛在信息处理为基础的新型制造模式，提升制造业的整体实力和水平。泛在信息制造及泛在信息处理尚处于概念和实验阶段，各国政府几乎均将此列入国家发展计划，大力推动实施。

VR 技术 采用真三维显示与人机自然交互的方式进行工业生产，进一步提高制造业的效率。虚拟环境已经在许多重大工程领域得到了广泛应用和研究。未来，VR 技术的发展方向是三维数字产品设计、数字产品生产过程仿真、真三维显示和装配维修等。

人机交互技术 传感技术、传感器网技术、工业无线网技术以及新材料技术的发展，提高了人机交互的效率和水平。制造业处在一个信息有限的时代，人在一定程度上服从和服务于机器。随着人机交互技术的不断发展，我们将逐步进入基于泛在感知的信息化制造"人机交互时代"。

空间协同技术 空间协同技术的发展目标是以泛在网络、人机交互、泛在信息处理和制造系统集成为基础，突破现有制造系统在信息获取、监控、控制、人机交互和管理等方面集成度差、协同能力弱的局限，提高制造系统的敏捷性、适应性、高效性。

平行管理技术 未来的制造系统将由某一个实际制造系统及其对应的一个或多个虚拟的人工制造系统所组成。平行管理技术就是要实现制造系统与虚拟系统的有机融合，不断提升企业识别和预防非正常状态的能力，提高企业的智能决策和应急管理水平。

电子商务技术 制造过程与商务过程一体化特征日趋明显，整体呈现出纵向整合和横向联合两种趋势。未来，要建立健全先进制造业中的电子商务技术框架，发展电子商务，以提高制造企业在动态市场中的决策与适应能力，构建和谐、可持续发展的先进制造业。

系统集成制造技术 系统集成制造是由智能机器人和专家共同组成的人机共存、协同合作的工业制造系统。它集自动化、集成化、网络化和智能化于一身，使制造具有修正或重构自身结构和参数的能力，以及自组织和协调能力，满足瞬息万变的市场需求，应对激烈的市场竞争。

4. 解决工业领域物联网应用面临的关键技术问题

从整体上来看，物联网还处于起步阶段。物联网在工业领域中的大规模应用面临一些关键技术问题，主要有以下几个方面。

工业用传感器　工业用传感器是一种检测装置，能够测量或感知特定物体的状态和变化，并将其转化为可传输、可处理、可存储的电子信号或其他形式的信息。工业用传感器是实现工业自动检测和自动控制的关键装置。在现代工业生产尤其是自动化生产过程中，要用各种传感器来监视和控制生产过程中的各个参数，使设备工作于正常状态或最佳状态，并使产品达到最好的质量。可以说，没有众多质优价廉的工业用传感器，就没有现代化工业生产体系。

工业无线网络技术　工业无线网络是一种由大量随机分布的、具有实时感知和自组织能力的传感器节点组成的网状网络。它综合了传感器技术、嵌入式计算技术、现代网络及无线通信技术、分布式信息处理技术等，具有低功耗自组网、泛在协同、异构互连等特点。工业无线网络技术是继现场总线技术之后工业控制系统领域的又一热点技术，是降低工业测控系统成本、扩大工业测控系统应用范围的革命性技术，也是未来几年工业自动化产品新的增长点，已经引起许多国家学术界和工业界的高度重视。

工业过程建模　没有模型就难以实施先进、有效的控制，传统的集中式、封闭式的仿真系统结构已不能满足现代工业发展的需要。工业过程建模是系统设计、分析、仿真和先进控制必不可少的基础。

此外，物联网在工业领域的大规模应用还面临工业集成服务代理总线技术、工业语义中间件平台等关键技术问题。

工业化的基础是自动化，自动化发展了近百年，其理论、实践都已经非常完善了。特别是随着现代大型工业生产自动化的兴起和应过程控制要求的日益复杂应运而生的 DCS（Distributed Control System，分散控制系统），更是计算机技术、系统控制技术、网络通信技术和多媒体技术结合的产物。DCS 的理念是分散控制、集中管理。虽然自动设备全部联网，并能在控制中心将监控信息交由操作员集中管理，但操作员的水平决定了整个系统的优化程度。有经验的操作员可以使生产达到最优，而缺乏经验的操作员只能保证生产的安全性。是否有办法做到分散控制、集中管理呢？根据监控信息，通过分析与优化技术，找到最优的控制方法，是物联网可以做到的。

信息技术发展前期，其服务对象主要是人，其主要解决的问题是信息孤岛问题。当为人服务的信息孤岛问题解决后，就要在更大范围内解决信息孤岛问题，也就是要将物与人的信息打通。人获取了信息之后，可以根据信息做出决策，触发下一步操作。由于人存在个体差异，对于同样的信息，不同的人做出的决策是不同的，如何从信息中获得最优的决策呢？另外，"物"获得了信息是不能做出决策的，如何让物在获得了信息之后具有决策能力呢？智能分析与优化技术是解决这个问题的一个手段，物在获得信息后，依据历史经验以及理论模型，快速做出最有效的决策。数据的分析与优化技术在"两化融合"的工业化与信息化方面都有旺盛的需求。

（二）加快发展中的工业智能

当前，新一轮科技革命和产业变革蓬勃兴起，工业经济数字化、网络化、智能化发展成为第四次工业革命的核心内容。作为助力本轮科技革命和产业变革的战略性技术，以深度学习、知识图谱等为代表的新一轮人工智能技术呈现出快速发展趋势，工业智能（工业人工智能）迎来了发展的新阶段。通过海量数据的全面实时感知、端到端深度集成和智能化建模分析，工业智能将企业的分析决策水平提升到了全新高度。然而，工业智能仍处于发展探索时期，各方对工业智能的概念、类型、应用场景、技术特点及产业发展等尚未达成共识。

新一轮科技革命与产业变革的蓬勃兴起，使工业的智能化发展成为全球关注重点与趋势。世界主要发达国家政府及组织高度重视工业智能，积极出台相关战略政策，促进人工智能在生产制造及工业领域的应用发展。美国于 2016 年 10 月和 2018 年 10 月陆续发布了《国家人工智能研究和发展战略规划》《先进制造业领导力的战略》报告，其中重点提及了产品全生命周期优化、先进机器人发展、大数据挖掘、制造系统网络安全等内容。日本自 2015 年起，发布了 4 份与工业智能相关的政策文件，包括《新机器人战略》《2015 年版制造业白皮书》《日本高级综合智能平台计划（AIP）》《人工智能产业化路线图》，聚焦先进机器人及大数据挖掘领域，推动设备故障智能预测系统的发展。欧盟于 2016 年 5 月发布了《数字化工业战略》，重点关注先进机器人和工业自治系统的研发。

　　我国政府双侧发力，推动人工智能与制造业的融合发展。一方面，积极推动人工智能技术为制造业发展注入新动力，在《国务院关于积极推进"互联网＋"行动的指导意见》《关于深化"互联网＋先进制造业"发展工业互联网的指导意见》等政策文件中均强调推动人工智能等技术在工业制造领域的应用与融合。另一方面，将制造业作为人工智能落地的重点行业，在《"互联网＋"人工智能三年行动实施方案》《新一代人工智能发展规划》等十余个文件中均提出将制造业作为开展人工智能应用试点示范的重要领域之一。同时，辽宁、四川、河南等地纷纷出台相关文件，推动人工智能等新一代信息技术与实体经济或制造业融合。

　　制造业升级的最终目是从数字化、网络化转而最终实现智能化。当前，制造业正处在由数字化、网络化向智能化发展的重要阶段，核心工作是实现基于海量工业数据的全面感知，通过端到端的数据深度集成与建模分析，实现智能化决策与控制指令。工业智能强化了制造企业的数据洞察能力，实现了智能化管理和控制，是企业转型升级的有效手段，也是打通智能制造"最后一公里"的关键环节。

　　当前，人工智能技术体系逐步完善，正推动工业智能快速发展。一方面，人工智能技术支撑技术实现纵向升级，为工业智能的落地奠定了基础。算法、算力和数据的发展推动人工智能技术不断迈向更高层次，使采用多种路径解决复杂工业问题成为可能。传感技术的发展、传感器产品的规模化应用及采集过程自动化水平的不断提升，正推动海量工业数据快速积累。工业网络技术的发展保证了数据传输的高效性、实时性与高可靠性。云服务为数据管理和计算能力外包提供了途径。另一方面，人工智能技术实现横向融合，为面向各类应用场景形成智能化解决方案奠定了基础。人工智能具有显著的溢出效应，泛在化人工智能产业体系正在快速成型，工业领域是其涵盖的重点领域之一。

　　我国政府高度重视人工智能的技术发展与产业发展，自2017年起，人工智能已上升为国家战略。《新一代人工智能发展规划》提出，到2030年，使我国成为世界主要人工智能创新中心。为此，我国出台了一系列政策，大力推动人工智能的技术发展和产业发展。目前，国内人工智能产业政策体系已基本成型，主要分为以下三大类。

1. 法律法规和伦理规范

开展与人工智能应用相关的民事与刑事责任确认、隐私与产权保护、信息安全利用等法律问题研究，重点围绕自动驾驶、服务机器人等应用基础较好的细分领域，加快研究制定相关安全管理法规，为新技术的加快应用奠定法律法规基础。

2. 具体产业落地政策

出台针对人工智能中小企业和初创企业的财税优惠政策，通过高新技术企业税收优惠和研发费用加计扣除等政策支持人工智能企业发展，引导市场力量，建立健全人工智能产业发展基金。

3. 推进各类人工智能创新发展

按照国家级科技创新基地布局和框架，推进人工智能创新基地发展，引导与现有人工智能相关的国家重点实验室、企业国家重点实验室、国家工程实验室等基地，聚焦新一代人工智能前沿方向的研究，前瞻布局新一代人工智能重大科技项目。

（三）当前工业智能技术方向

工业智能是工业领域中由计算机实现的智能，具有自感知、自学习、自执行、自决策、自适应等特征。可以认为，工业智能的本质是承载实体与系统，即将计算机上的人工智能技术应用在工业领域中，以不断丰富和迭代自己的分析与决策能力，适应变幻不定的工业环境，完成多样化的工业任务，最终达到提升企业洞察力，提高生产效率和设备产品性能的目的。

深度学习和知识图谱是当前工业智能实现的两大技术方向，正不断拓展可解工业问题的边界。"根据已知结果梳理实现自动问答"是以知识图谱、专家系统为代表的认知科学，是解决已知工业问题的主要途径。"绕过机理直接通过数据形成结果"是以深度学习和机器学习为代表的数据科学，能更好地解决机理未知或模糊的工业问题。当前工业智能主要体现在以知识图谱为代表的知识工程以及以深度学习为代表的机器学习两大技术领域的突破。深度学习侧重于解决影响因素较少，但计算高度复杂的问题；知识图谱侧重于解决影响因素较多，但机理相对简单的问题。多因素复杂问题可以分解为多因素简单问题和少因素复杂问题进行求解。两大驱动技术的发展，使工业领域内多因素简单问题与少因素复杂问题的可解范围进一步扩大，同时使部分多因素复杂问题可解。

深度学习是当前工业智能的两大核心技术之一，其基础技术由下至上涵盖芯片、编译器、计算框架和算法这4方面。工业领域的特殊性对深度学习基础技术提出了新的要求，基础技术的工业化适配是未来发展方向。深度学习应用技术变革极大拓展了可解问题的复杂度边界，改善了应用效果。深度学习应用技术与工业机理或具体场景结合能够明确应用技术路径的形成或演进，拓展可解问题的复杂度边界，提升应用效果。人机协作技术的计算复杂度增加，深度学习提升协作机器人的性能。一是协作机器人的感知能力不断增强，替代传统基于机理的感知方式。二是协作机器人的学习能力不断增强，替代传统基于编程的控制方式。

知识图谱通用技术的规范化适配成为主要推进方向，依托知识建模、知识抽取、知识融合、知识存储和知识计算等关键环节，已形成较为成熟的技术体系。工业知识图谱按用途分为两类。一是行业知识图谱，以行业内的查询检索功能为主，具有行业通用性要求，规范约束是核心。与人类通用知识不同，现阶段工业各行业内的技术标准、接口、组件规范差异较大，行业技术体系的规范化是行业知识图谱构建的基础。二是业务知识图谱，遵循提出问题、业务分析、图谱构建和部署应用的步骤，以解决单点或某类工业问题为主，但其应用成本是关键问题，通常不具有行业通用性。通用知识图谱异常巨大，极为耗费计算资源，如谷歌知识图谱规模已经达700亿级实体，依靠超过45万台服务器。从计算成本角度来看，将业务知识图谱设计成小而轻的存储载体极为重要，高效的建模方式可降低业务知识图谱的构建与部署成本。

（四）工业智能广泛应用场景

工业智能在工业系统各层级各环节具有广泛应用，其细分应用场景达到数十种。按照制造系统自下而上、产品、商业的维度，工业智能的应用场景可以总结为五大类，即生产现场优化、生产管理优化、经营管理优化、产品全生命周期和供应链优化，如图4-1所示。5类问题具有不同的复杂度和影响因素。

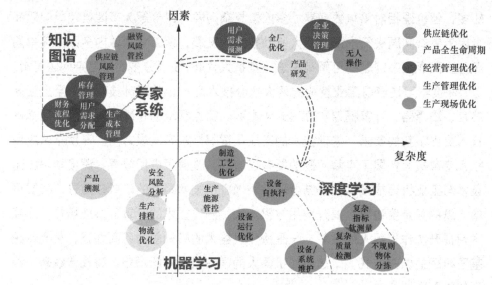

图 4-1　工业智能应用场景

　　工业智能主要通过 3 种方式解决上述问题。一是通过知识图谱和专家系统解决多因素低复杂度问题，在影响因素快速增加的场景中，知识图谱的作用会更加明显。二是通过机器学习与深度学习解决少因素高复杂度问题，一些传统方法无法有效应对的场景是深度学习发挥重要作用的场景，而随着场景机理的计算复杂度提升，深度学习能发挥更大的作用。三是通过问题拆解解决多因素高复杂度问题，如产品研发等。

　　工业智能依靠通用技术与专用技术协同实现智能化应用。一方面，通用技术以工业互联网和工业大数据为核心，整体上遵循人工智能的数据、算力和算法三要素的逻辑，包含智能算力、工业数据、智能算法和智能应用四大模块，以工业大数据系统的工业数据为基础，依托硬件基础能力和训练、推理运行框架，完成工业数据建模和分析。其本质是实现工业技术、经验、知识的模型化，为两大核心技术赋能，从而实现各类创新的工业智能应用。此外，工业智能的部署方式一般有公有云、私有云、边缘和设备这 4 种，其整体系统管理和安全防护一般托管给其嵌入的边缘或设备系统，或者是其作为组成部分的工业互联网平台。另一方面，通用技术往往无法满足工业场景和问题的复杂性与特殊性要求，现阶段依然存在大量特性问题需要解决，符合工业领域需求的技术定制化是工业智能两大关键技术未来的发展趋势。

人工智能技术、机器人技术和数字化制造技术等相结合的智能制造技术贯穿于设计、生产、管理和服务等制造业的各个环节，催生出智能制造业，引领新一轮制造业变革。随着智能技术发展中的许多开源软件和平台不断涌入，以及越来越多的企业、高校、开源组织进入智能领域，智能技术在制造业应用场景不断生成，智能机器开始执行一些本由人类完成的复杂任务，解决一些多样的工作程序、流程、产品问题等。

1. 智能技术在制造全过程中的应用

智能技术借助机器学习、深度学习及其他相关技术形态，主要围绕智能文字识别、人脸识别、语音交互、图像识别、图像搜索、声纹识别、机器翻译、机器学习、大数据计算、数据可视化等技术场景，在企业系统布局、生产流程、车间运行等生产和管理环节进行智能化控制、提升和优化，实现制造全过程的监测、预测和自我调整。借助物联网技术、区块链技术、云技术和数据分析，诸类多种工业设备可以通过网络连接和通信，并共享数据；企业能够运用传感器技术检测生产与管理运行状况，对设备所产生的大量数据进行鉴别，使用预测分析技术预测零部件运行状态，实现故障诊断、改进生产流程。

在产品业务研发阶段，智能技术可以在产品创新、标准规范、市场需求等方面发挥作用，通过对市场需求和竞争情况的分析，帮助企业制定更合理的产品创新方案；在制造阶段，可以通过智能化生产、运行控制，提高生产效率和产品质量；在企业仓储阶段，可以在货物存储、调运、管理流程中极大减少错误和延误，如使用感知技术识别与定位货物方位，使用无人驾驶叉车移动货物、使用语音识别技术检查货物的具体存储位置等。智能技术的应用使得企业能够更好地了解制造全过程、全流程、全区域设备运行状况，更精准把握产品与市场需求对接，从而更高效地管理生产流程。

2. 智能技术在产品设计过程中的应用

目前的产品越来越精细化、个性化、新颖化，这对企业产品设计提出了更高的要求。甚至可以说，设计胜，则产品胜。随着智能技术的发展，人机交互、自我创新的产品设计新模式正在形成。这种模式将计算机和智能技术深度结合，把先进算法和技术、参数化系统、形状语法、拓扑优化算法、进化系统和遗传算法等应用到设计体系中。企业战略管理层、产品设计师在进行产品理想化构建时，只需要在智能技术系统指引下，设置个体期望的参数、外观、性能等规约条件，如设计理念、材料、色调、重量、体积等，就能得到成百上千种预备性方案。智能技术系统也可以自行进行综合对比，筛选出最优的备选方案推送给设计者选定。

3. 智能技术在质量优选控制中的应用

智能技术系统中的先进图像处理技术、神经网络算法等可以用于检测企业生产线上的设计标准、部件缺陷、精密误差、颜色偏差等问题。这些关键数据实时反馈到运营系统中，通过智能技术和规则引擎来进行智能化控制。同时，智能技术系统也能够定位生产线上的潜在问题，预测可能会出现的故障和突发事件，并及时调整生产参数，优化措施以避免产生严重后果。

利用机器视觉，可以在环境频繁变化的条件下，在几毫秒内快速识别出产品表面微小、复杂的缺陷，如污染物、损伤，检测效率及准确性远超传统人工检测等。工业智能企业将深度学习与3D显微镜结合，将缺陷检测精度提高到纳米级，对于检测出的有缺陷产品，可以由系统自动做可修复判定，规划修复路径及方法，并由设备执行修复动作。利用声纹识别技术实现可以自动检测异音，发现不良品，并比对声纹数据库进行故障判断，实现从信号采集、数据存储、数据分析到自我学习的全过程自动化。

4. 智能技术在安全、健康管理中的应用

智能技术可以帮助安全监控系统更准确地识别和跟踪人员和物品，从而检测是否发生火灾、物品是否被盗窃等。利用智能技术，还可以收集设备运行的温度、转速、能耗、稳定性状况等数据，并将其保存以供二次分析，除用于检测设备运行是否异常外，也可以在日常提供降低能耗的措施，对生产线进行节能优化。

智能技术可对企业设备实施健康管理，利用特征分析和机器学习技术对设备运行数据的实时监测。这样一方面可以在事故发生前进行设备的故障预测，减少非计划性停机，另一方面在设备突发故障时能够迅速进行故障诊断，定位故障原因并提供相应的解决方案。

（五）工业智能产业发展趋势

当前，工业智能尚未形成明确并具规模的商业化应用，基于工业智能知识图谱和深度学习两大关键技术架构形成现阶段工业智能产业结构（如图 4-2 所示）。这两类技术的产业结构均包含两层：下层是基础技术研究的相关主体，上层是将技术与主要工业场景相结合形成的工业智能应用集成主体。

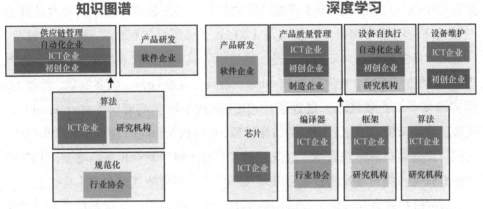

图 4-2　工业智能产业结构

当前，工业智能产业结构体现为"两横两纵"，横向为知识图谱和深度学习两大关键技术，纵向为通用技术和应用集成两方面。信息通信技术（Information Communication Technology，ICT）企业、研究机构及相关行业协会这 3 类主体为工业智能提供通用技术支撑；在应用层面，装备 / 自动化与软件企业、制造企业、ICT 企业和初创企业这 4 类主体通过应用部署与创新实现工业智能价值。

目前来看，ICT"巨头"企业在深度学习框架、编译器和芯片等通用技术领域占据绝对"统治"地位，但工业领域延伸及适配化发展程度并不一致。现阶段，端侧推断框架主要由 ICT"巨头"企业主导，初步判断，百度更可能在工业领域发力。苹果的 Core ML 深度学习框架目前仅支持 iOS，且苹果并未有向工业领域延伸的趋势。Facebook 的深度学习系统 Caffe2go 与腾讯的 NCNN 深度学习框架目前仅为手机端提供优化，且仅支持 CPU。谷歌的 TensorFlow Lite 深度学习框架现阶段支持安卓和 iOS，同时在工业领域的应用普及度也较高。百度的 Paddle-mobile 深度学习框架支持包括现场可编程门阵列（Field

Programmable Gate Array，FPGA）[在可编程阵列逻辑（Programmable Array Logic，PAL）电路、通用阵列逻辑（Generic Array Logic，GAL）电路等可编程器件的基础上进一步发展的产物]在内的多种硬件平台，且重视在工业领域的延伸与合作，更有可能在工业领域发力。编译器市场格局尚不清晰，英特尔及亚马逊的编译器有可能成为工业领域的选择。现阶段，编译器并未产生面向领域的发展趋势，英特尔的 nGraph 及亚马逊的 NNVM 和 TVM 框架初步具备兼容 ONNX 等其他编译器或模型格式的能力。工业领域深度学习芯片的技术门槛极高，市场格局稳定，赛灵思（Xilinx）和英特尔可能主导未来。目前，FPGA 市场主要有两大阵营。一是以赛灵思和英特尔为代表的企业阵营，占据近 90% 的市场份额，专利超过 6000 项，涉及工业自动化、机器视觉、机器人、监控等多个工业领域。二是以莱迪思（Lattice）和美高森美（Microsemi）为代表的企业阵营，占据近 10% 的市场份额，专利约 3000 项，重点布局汽车行业、人机界面与接口等传统领域。较高的技术门槛阻隔了其他厂商，赛灵思和英特尔企业阵营占据市场优势，工业领域布局广泛，有可能成为未来主导企业。

研究机构成为深度学习算法研究主力，理论研究弱化，可解释性和相关前沿算法研究火热。深度学习理论研究趋于平稳，应用落地成为关键。深度学习理论研究主流架构收敛，较难有革命性理论突破，目前瓶颈在于技术与传统行业的对接。而现阶段的算法研究呈现两大主要趋势。一是算法可解释性研究，例如，美国斯坦福大学开展了基于树正则化的可解释性研究，美国得克萨斯农工大学开展了迁移法解决深度学习可解释性问题的研究，南京大学则开展了循环神经网络（Recurrent Neural Network，RNN）可解释性方法的研究。二是相关前沿算法研究，国内外顶尖院校和研究机构如清华大学、中国科学院自动化研究所、美国麻省理工学院、以色列理工学院等纷纷开展对胶囊网络、迁移学习、（深度）强化学习和生成对抗网络等深度学习相关的前沿算法研究。

装备自动化、软件及制造企业针对设备、产品性能提升的需求或自身业务发展痛点，围绕人工智能技术的供给主线不断寻求与人工智能结合的路径。目前，这些企业发展工业智能主要有两种方式。一是在部分需求迫切、实力雄厚的领域，"巨头"企业通过合作并购人工智能技术公司，实现智能化升级。二是通过人才引进和成立相应研究机构，提升企业综合竞争力。如西门子成立研究部门并推动"Vision 2020"计划，发展人工智能和机器人技术，构建了用于自身融资管理的工业知识图谱平台。富士康、新松等成立人工智能研究院，加快人工智能研究和成果产业化落地。

（六）工业智能发展存在的问题

1. 行业标准缺位

我国工业智能产业总体发展尚不成熟，与现行制造体系的融合度较低，需要在工艺、产线、产品、服务等层面开展大量应用实践。人工智能应用特别是在制造业的应用需要部署大量专用传感器，而现阶段工业现场的数据通信标准之间通常不能兼容。

2. 制造业大而不强

我国劳动生产效率与发达国家相比，大概有 4 ~ 5 倍的差距。高端密集服务型制造业出口额占出口总额的比重不到 45%，与印度处于同一水平。目前，制造业正处于转型期，努力突破"大而不强"的局面。

3. 碎片化问题

工业与传统的 C 端业务不太一样，传统的场景很复杂，带来很多碎片化问题，可能出现刀具磨损问题、装备质量问题等，每一家工厂的问题都不同。怎样快速、低成本地解决碎片化问题，是一个挑战。

4. 数据处理复杂化

相比与消费者相关的数据，机器生成的数据通常更为复杂，多达 40% 的数据甚至没有相关性，需要企业拥有大量的高质量、结构化数据，通过算法对其进行处理。革命性的技术创新与制造业的融合充满挑战，但潜在的收益无比巨大。它能够帮助企业寻求最优的解决方案，消除积弊，创造价值。比如，设备预测性维护、优化任务流程、生产线自动化，可减小误差、减少浪费、提高生产效率、缩短交付时间以及提升客户体验。

5. 安全性问题

"智能制造时代"，生产资料正在逐步转化为各种数据，因此数据的安全实质上是生产资料的安全，其重要性不言而喻。

人工智能作为第四次工业革命的关键性技术，正在不断渗透到社会的各个方面，给国家的政治、经济、文化和老百姓的衣食住行等带来了非常深远的影响，但人工智能带来的安全问题也超出了一般人的想象，不解决这些问题就无法给人类带来更多福祉。人工智能安全问题的解决有赖于包括信息技术层面、社会层面及法律层面在内的各个领域的专家、学者的参与，单一领域的任何尝试都难以真正见到效果。

六、智能技术加快应用

近年来，由于计算能力显著提升、各方面政策支持、大规模资本介入以及用户需求逐步明确，人工智能产业得到了较快发展。人工智能产业链分为基础层、技术层和应用层。基础层主要包括底层硬件芯片和提供数据及算力支撑的软件平台，技术层主要包括算法理论、开发平台和应用技术，应用层主要包括技术应用的垂直领域和精准场景。人工智能技术对大幅提高生产效率、减轻相关人员工作负担起到了至关重要的作用。接下来介绍智能技术在智能制造、智慧城市、智能汽车和智慧医疗等工业领域的应用。

（一）智能制造

智能制造作为新一代信息技术和制造业深度融合的产物，使制造业的智能化发展成为全球关注重点，正在为实现新型工业化提供重要支撑。我国制造产业正在积极拓展智能制造应用场景，加快推进数字产业化与产业数字化，着力提升数字经济和实体经济融合发展的深度和广度，培育数实融合的新模式新业态，不断夯实实体经济根基，为促进制造业高质量发展、构筑国际竞争新优势提供新动能、新引擎。与此同时，世界范围内也相继出台了相关战略政策来促进人工智能在生产制造及工业领域的应用发展。制造业智能化发展的主要动力在于制造业智能化升级需求。制造业升级的最终目的，是从数字化、网络化走向智能化。当前制造业正处在由数字化、网络化向智能化发展的重要阶段。人工智能技术在当前的转型阶段起到非常重要的作用。下面分别介绍智能制造领域中的人工智能技术与应用。

1. 智能制造领域中的智能技术

基于现代信息与机械技术的智能制造采用全新的工业生产方式将物理系统、数字系统和网络系统有机地结合起来,是可以实现生产过程自动化、柔性化、智能化的一种高水平的生产方式。智能制造技术的部署方式一般有云端、边缘和设备三种,其整体系统管理和安全防护一般托管给其嵌入的边缘或设备系统,或作为其组成部分的工业互联网平台。适应工业场景与问题的复杂性和特殊性需求,智能制造技术主要由以下几个部分组成。

深度学习技术　深度学习技术是智能制造的核心技术、前沿技术,它通过机器学习、深度学习等技术,让机器具备了类似人类思维的能力,实现生产过程的自动化管理和优化。深度学习是当前人工智能在制造领域的核心技术之一,基础技术主要包括芯片、编译器、计算框架和算法这 4 个方面。深度学习则包括训练环节和推断环节。训练环节通常离线进行,训练好模型后再进行云端部署,对实时性要求并不高,而特定场景工业终端对推理环节实时性要求极高,需要使用专用芯片。

传感技术　传感技术是智能制造的基础技术系统,同计算机技术与通信共同组成信息技术、智能制造的三大支柱。该技术能够将生产过程中所涉及的各种物理量转化为电信号并处理,实现生产过程的控制和监测。通过传感技术从自然信源获取信息,并对之进行处理（变换）和识别,可以感知周围环境,如气体、光线、温湿度、人体等。这是一种多学科交叉的现代科学与工程技术,涉及传感器（又称换能器）及信息处理和识别过程的规划设计、开发、制造、测试、应用、评价改进等活动。

智能控制技术　智能控制技术是智能制造的另一个重要的技术领域,是控制理论发展的高级阶段,主要用来解决那些用传统方法难以解决的复杂系统的控制问题,其研究对象的主要特点是具有不确定性的数学模型、高度的非线性和复杂的任务要求。智能控制技术以控制理论、计算机科学、人工智能、运筹学等学科为基础，扩展了相关的理论和技术，其中应用较多的有模糊逻辑、神经网络、专家系统、遗传算法等理论，以及自适应控制、自组织控制和自学习控制等技术。在工业物联网技术基础上，智能信息控制技术通过传感器、物联网等技术，实现生产线上各个环节的实时监测和数据传输，从而实现生产流程的控制和优化。

云计算技术 云计算技术是智能制造的中心与大脑，保证智能制造的运行与发展。云计算技术具有很强的扩展性，可以为制造业企业与用户提供全新的体验，其核心是将很多的计算机资源协调在一起，使制造体系通过网络就可以获取到大量的资源，且不受时间和空间的限制。云计算技术是智能制造的数据管理和存储的基础，它通过互联网为用户提供各种服务，实现生产过程的全面监测和优化，同时还支持信息共享、模拟仿真等功能。

VR 技术 VR 技术是智能制造不断迭代升级的重要技术方向，囊括计算机、电子信息、仿真技术。其基本实现方式是以计算机技术为主，利用并综合三维图形技术、多媒体技术、仿真技术、显示技术、伺服技术，借助计算机等设备产生一个逼真的三维视觉、触觉、嗅觉等多种感官体验的虚拟世界，使处于制造业虚拟世界中的人产生一种身临其境的感觉。同时，VR 具有越来越丰富的人类感知功能和仿真系统，真正实现了人机交互，使人在操作过程中，可以随意操作并且得到环境最真实的反馈。正是 VR 技术的存在性、多感知性、交互性等特征，实现了生产过程的可视化和仿真，大大提高了生产效率。

2. 智能制造领域里的智能技术应用

世界正处于百年未有之大变局，特别是新一代信息技术与制造技术的持续深度融合，深刻改变着全球制造业的发展形态。面对以智能制造技术为核心的新一轮科技革命与产业变革，世界各国各地区都在积极采取行动，推动制造业转型升级，以确保自身在未来工业发展中占据有利地位。中国制造向中国智造跃升，是工业化和信息化的融合，是产业的转型升级，是从价值链中低端向中高端的逐步转变，是产品质量和效益的不断提高，也意味着我国制造业产品国际竞争力的进一步提升。

智能制造的主体包括产品、制造装备，其中产品是智能制造的价值载体，制造装备是实施智能制造的前提和基础。智能制造领域智能技术的快速应用，使制造领域需要更个性化、差异化的产品设计，更智能化、数字化的生产过程，更高效率、低成本的制造与服务的一体化，更一体化、全球化的标准体系。

智造技术应用将促使智能产品和装备在设计之初就充分考虑人的需求和人的因素，让机械操作、机械产品向人性化方向发展。制造业的数字化、网络化、智能化是生产技术应用，需要坚持以人为本，全面提升产品设计、制造和管理水平，构建人本化的智能企业。以人为本的智能生产应用实践包括人机合作设计、人机协作装配、以人为本的生产管理等。随着智造先进技术的推广应用，制造业将从以产品为中心向以人为中心、以用户为中心转变，产业模式从大规模流水线生产向规模定制化生产转变，产业形态从生产型制造向服务型制造转变。

针对计算复杂度高的问题，深度学习方法能够绕过机理障碍，解决传统方法无法解决的问题,如复杂质量（缺陷）检测、复杂（环境/系统）指标软测量、不规则物体分拣等。在复杂质量（缺陷）检测场景中，利用基于深度学习的解决方法代替人工特征提取，能够在环境频繁变化条件下检测出更微小、更复杂的产品缺陷，提升检测效率，此方法成为解决此问题的主要方法。在复杂（环境/系统）指标软测量场景中，通过深度学习方法挖掘更深层次隐藏结构与特征的抽象关系，能够突破传统机器学习模型的泛化能力界限，同时保障模型的精确性和鲁棒性，这已在食品、冶金、化工等领域得到实验验证，并逐步实现工业应用。在不规则物体分拣场景中，通过深度学习方法构建复杂对象的特征模型，实现自主学习，能够大幅提高分拣效率。

针对较为复杂的问题，利用机器学习方法可以增强传统场景［如设备自执行、设备（系统）预测性维护、设备/制造工艺优化等］的应用效果和性能。在设备自执行场景中，通过机器学习方法对人类行为及语音进行复杂分析，能够增强协作机器人的学习、感知能力，提升生产效率。在设备（系统）预测性维护场景中，通过机器学习方法拟合设备运行复杂的非线性关系，能够提升预测准确率、降低成本、减小故障率，此场景是应用最为广泛的场景之一。在设备/制造工艺优化场景中，通过机器学习方法对设备运行、工艺参数等数据进行综合分析并找出最优参数，能够大幅提升运行效率与制造品质。

针对场景影响因素较多的问题，构建知识图谱能够明确各影响因素之间的相互关系，解决此类问题，包括供应链风险管理和融资风险管控等应用场景。

在供应链风险管理场景中，通过知识图谱汇集影响供应链各关键环节的因素并提供管理建议，能够实现各类风险的预判并保证供应链稳定。在融资风险管控场景中，依靠知识图谱将多个对象进行关联分析，能够实现对金融风险的预测及管控。

针对多影响因素、高复杂度问题，利用知识图谱和深度（机器）学习可以将问题拆解为少影响因素问题和（或）低计算复杂度问题进行解决，如产品研发、企业决策管理等场景。在产品研发场景中，通过知识图谱构建设计方案库，运用深度学习进行搜索与优化计算，能够实现复杂产品的智能化设计。在企业决策管理场景中，通过知识图谱与数据科学协同，能够实现企业级优化运营。

（二）智慧城市

智慧城市自提出以来在各界引起广泛关注，并掀起了研究和建设热潮。2018 年发布的《河北雄安新区规划纲要》中指出，坚持数字城市与现实城市同步规划、同步建设，打造具有深度学习能力、全球领先的数字城市，提出了数字孪生城市的概念。数字孪生城市被认为是智慧城市的新起点，能够赋予城市智慧化基础设施和重要功能。数字孪生城市为各地智慧城市建设提供了新思路、新模式，让城市治理者看到城市现代化治理体系以及高质量发展的曙光，让城市居民憧憬随需而动、无处不在的智能化服务。

然而，万物互联之下，以地理空间、物联网、"互联网 +"、移动、大数据等技术做支撑的智慧城市建设，同样面临着不可估量的安全威胁。

如何为用户提供以大数据为基础的一体化业务系统防护、管理、感知及数据共享能力，提升现有城市网络安全防御系统防护能力，成为智能技术应用于智慧城市建设的重要任务。例如，知道创宇安全智脑以"人工智能 + 安全大数据"为基座，通过人工智能针对不同的产品场景、业务场景建立不同的安全模型，利用这些安全模型通过数据赋能实现安全能力的生产与进化，反哺安全产品，从而为智慧城市提供核心防护技术和大数据智能技术，实现一体化、定制化的信息安全保护能力。

知道创宇打造的这套智慧城市安全解决方案主要有以下四大特色优势：一是为智慧城市赋予大数据能力，帮助城市真正建立起具备"安全大脑"的信息安全保障系统；二是基于新型网络安全防御技术，打造城市关键业务系统集约化云防御平台；三是兼容现有防御体系，可持续提升现有防御体系的整体防护效果和保障能力；四是轻量化部署、快速见效，仅需对关键业务系统做适配，建设周期短、维护成本低。最终，实现"一网攻击，全网防御"的城市安全部署，力求让城市安全运营发挥出最大效能。

可见，数字化、智能化已成为当今城市发展的重要方向，智慧城市如何适应时代浪潮将成为各行各业面临的一道"必答题"。

1. 智慧城市总体结构

新型智慧城市由新型基础设施、智能运行中枢、智慧应用体系三大横向层，以及城市安全防线和标准规范两大纵向层构成。新型基础设施包括全域感知设施（包括泛智能化的市政设施和城市部件）、网络连接设施和智能计算设施。与传统智慧城市不同，新型智慧城市的基础设施还包括激光扫描、航空摄影、移动测绘等新型测绘设施，旨在采集和更新城市地理信息和实景三维数据，确保两个世界的实时镜像和同步运行。智能运行中枢是智慧城市的能力中台，也是城市"大脑"，由 5 个核心平台承载：一是泛在感知与智能设施管理平台，对城市感知体系和智能化设施进行统一接入、设备管理和反向操控；二是城市大数据平台，汇聚全域全量政务和社会数据，与城市信息模型平台整合，展现城市全貌和运行状态，成为数据驱动治理模式的强大基础；三是城市信息模型平台，与城市大数据平台融合，成为城市的数字底座，是智慧城市精准映射虚实互动的核心；四是共性技术赋能与应用支撑平台，汇聚人工智能、大数据、区块链、VR 等新技术基础服务能力，以及智慧城市特有的场景服务、数据服务、仿真服务等能力，为上层应用提供技术赋能与统一开发服务支撑；五是泛在网络与计算资源调度平台，主要使用未来软件定义网络（Software Defined Network，SDN）、云边协同计算等技术，满足智慧城市高效调度使用云网资源的需要。

2. 智慧城市中的智能技术

深度学习核心应用技术包括计算机视觉、自然语言处理、生物特征识别、知识图谱等。其中，前三者主要用以从已有城市数据中挖掘出新的数据并结构化当前数据，知识图谱则用以将数据与数据联系起来以形成决策的基础模型。近年来，深度学习算法层出不穷，进一步满足了智慧城市的实际应用需求，机器学习则推动系统不断自优化，实现智慧城市内生迭代发展。

（1）计算机视觉

计算机视觉是使用计算机模拟人类视觉系统的技术，让计算机拥有类似人类提取、处理、理解和分析图像以及图像序列的能力。自动驾驶、机器人、智能医疗等领域均需要通过计算机视觉技术从视觉信号中提取并处理信息。近年来，预处理、特征提取与算法处理渐渐融合。根据解决的问题，计算机视觉可分为计算成像学、图像理解、三维视觉、动态视觉和视频编解码五大类。

（2）自然语言处理

自然语言处理是实现人与计算机之间用自然语言进行有效通信的技术，主要包括机器翻译、阅读理解、问答系统、文章摘要提取、命名体识别等。在智慧城市中，通过将计算机视觉与自然语言处理技术相结合，可构造更复杂的应用，赋予系统看图说话、生成视频摘要等能力。

（3）生物特征识别

生物特征识别可通过人的生理特征、行为特征进行识别、认证。人的生理特征包括指纹、掌纹、虹膜、声纹、指静脉等，行为特征包括步态、击键习惯等。在智慧城市中，生物特征识别可广泛应用于服务领域和安全领域，如结合智能视频监控进行犯罪嫌疑人检索，协助公安机关快速破案。

（4）知识图谱

知识图谱本质上是结构化的语义知识库，为智能系统提供从"关系"角度分析问题的能力。知识图谱以符号形式描述物理世界中的概念及其相互关系，其基本组成单位是"实体－关系－实体"三元组，以及实体及其相关"属性－值"对。不同实体之间通过关系相互连接，构成网状的知识结构。知识图谱能够依托智慧城市的海量信息为海量实体建立各种各样的关系，为城市运行管理奠定基础。例如，运用知识图谱开展反洗钱或反电信诈骗工作，通过对交易轨迹的精准追踪和关联分析，获取可疑人员、账户、商户等信息。

3. 智慧城市中的智能技术应用

深度学习的发展经历了技术驱动阶段和数据驱动阶段，现已进入场景驱动阶段，深入落地到实际需求之中，以解决不同场景的问题。

（1）智能安防

随着平安城市、雪亮工程、智慧社区等智慧城市安防项目的深入开展，我国各地已基本完成城市视频监控的布设。城市里成千上万监控摄像头或传感器昼夜不停地采集数据，向监控管理平台推送的待处理音视频数据堪称海量。受制于人类劳动强度与精准度极限，若不依靠计算机自动进行数据筛选，必然造成信息处理迟缓、漏判、错判。通过深度学习推动视频结构化，可对视频中的人、车、物等活动目标进行特征属性自动提取并形成文本信息，帮助系统在数据库中快速查找到关键的人、车、物等相关音视频线索。

（2）智能交通

我国智能交通系统主要是通过对道路中的车辆流量、行车速度等数据进行采集和分析，对交通情况实施监控和调度，有效提高通行能力、简化交通管理、减少环境污染等。结合深度学习算法，系统可预测城市各区块的车流、人流情况，提前进行管控、分流，以缓解交通拥堵，避免踩踏事件发生。在航空领域中，则可通过对机场航班起落历史数据使用深度学习方法，实现航班起落时间预测。

（3）环境监测

环境监测是生态环境保护的基础工作，也是推进生态环境建设、开展环境气象预测的重要支撑。我国环境监测网络日渐完善，积累了海量的气象、气候、空气、水体、土壤、自然灾害、污染排放等历史数据。深度学习可利用环境数据，充分挖掘各类环境数据之间的内在关联，帮助人类更好地认识复杂的生态环境系统，并提升气象预测精准度。例如，基于空气质量数据、气象数据和天气预报数据，深度学习模型可以预测更细粒度的空气质量，支撑政府精准施策，帮助市民规划出行方案。

（4）市政管理

市政管理工作与人们的生活环境密切相关。市政管理水平是城市管理水平的直观体现。然而，市政设施规模庞大、所处环境复杂，随着我国城市化进程的推进，市政管理工作的难度与日俱增。通过将结构化数据与深度学习算法结合，市政管理可变被动维护为预测性维护。例如，自来水水质受管道使用年限、地理位置、气象环境、市民用水模式等因素影响，判断难度颇高，利用以上各类数据构建深度学习模型，可精准预测管网水质，指导自来水厂科学投氯消毒，还可判断水管健康状态，第一时间进行维护、修理。

（三）智能汽车

智能汽车是一个集环境感知、规划决策、多等级辅助驾驶等功能于一体的综合系统，是车联网、人工智能及自动控制等技术的融合体现。智能汽车的主要发展方向是主被动安全、人性化设计以及最终实现智能交通。人工智能技术在智能汽车中的主要应用有以车辆驾驶为核心的汽车智能类应用和以协同为核心的智慧交通类应用，主要起到提升交通安全性、解放驾驶员的作用。

1. 智能汽车发展的趋势和必要性

功能汽车进化到智能汽车，是一个革命性的变化。这对保障道路交通安全、减缓城市道路拥堵有重要作用。在道路交通安全方面，世界卫生组织发布的《2018 年全球道路安全状况报告》指出，全球每年约有 135 万人死于道路交通事故，事故主要原因有驾驶员精力不集中、超速驾驶等。在城市道路拥堵方面，道路拥堵给市民造成了巨大的经济损失，百度地图发布的《2017 年 Q4& 年度中国城市研究报告》显示，北京年度人均拥堵造成的额外耗费经济成本超过 4000 元。所以，通过技术手段降低事故率、减少城市内部交通拥堵势在必行，人工智能技术恰好能够用于解决此类问题。

2. 智能汽车领域中的智能技术

智能汽车是智能交通的重要组成部分，其最终的目标是实现自动驾驶汽车。车辆实现自动驾驶需要经过信息感知、信息处理和车辆控制这 3 个过程，每一过程都离不开人工智能技术。信息感知需要依赖于传感器，比如通过摄像头可以完成交通标线识别、交通信号灯识别、行人检测、前方车辆类型识别等。而图像识别能力则是通过深度学习模型对图像样本进行训练得到的。信息处理和车辆控制主要使用人工智能领域中的传统机器学习技术，通过学习人类驾驶员的驾驶行为建立驾驶员模型，学习如何依据外部环境进行规划和决策，进而控制汽车行驶。

无人驾驶中比较重要的是决策部分，增强学习技术在这方面取得了不错的效果。著名的方案提供商 Mobileye 将决策分解成两个部分：可学习部分和不可学习部分。可学习部分由增强学习来决策行驶需要的抽象策略，不可学习部分则按照抽象策略利用动态规划来实施具体的路径规划。具体来说，可学习部分是将无人驾驶汽车所处的环境映射成一系列抽象策略的过程。Mobileye 设计了一张包含加减速、转向，以及对周围车辆的反应的策略选项图，用策略网络来选择合适的应对选项。所谓策略网络，是指在给定车辆环境的情况下，评估每一种策略的可能影响，从而选择最合适的策略。对于策略选项图中的每一个节点，都用单独的深度神经网络（Deep Neuval Network，DNN）来表示该节点的策略网络,网络结构的区别在于每个节点输入与输出的不同所带来的变化。而策略网络则采用增强学习方法来训练。不可学习部分则将学习到的抽象策略转化成对车辆的实际控制动作。该部分主要对车辆动作进行具体规划，检查抽象策略是否可执行，或者执行满足策略的动作，这样能充分保证系统的安全性。增强学习能够从人类的驾驶样本（包含成功样本和失败样本）中学习相应的策略选择，同时将决策泛化到类似的驾驶情景中。增强学习将无人驾驶拓展为多智能体决策的问题，考虑了车辆之间的交互，而不像传统的基于规则的只能采取保守驾驶策略的决策系统，一旦规则导致问题就可能导致严重后果。

3. 智能技术在汽车领域中的应用

人工智能在汽车领域中的应用是人工智能技术的重要组成部分。国内外各大企业几乎都加大了人工智能在汽车领域应用的研发投入，尤其是非传统的汽车厂商，包括各大信息技术和互联网公司，以及新兴公司，比如特斯拉汽车、蔚来汽车等。

（1）自动驾驶

自动驾驶系统一般有三大模块：环境感知模块、行为决策模块和运动控制模块。自动驾驶汽车是通过传感器来感知环境信息的。比如使用摄像头、激光雷达、毫米波雷达以及工业相机来获取环境信息，而 GPS 等则用于获取车身状态的信息。当然，还需要通过算法提取出有用的信息。行为决策是指自动驾驶汽车根据路网信息、获取的交通环境信息和汽车行驶状态，生成遵守交通规则的驾驶决策的过程，规划出一条精密的行驶轨迹后，自动驾驶汽车就可以沿着这条轨迹行驶。运动控制模块是根据规划的行驶轨迹、行驶速度以及当前所在位置等信息，生成对油门、刹车、方向盘和变速杆的控制命令。

识别并躲避障碍物　识别并躲避碍物的解决方案是使用传感器融合算法，即利用多个传感器所获取的关于环境的全面信息，通过融合算法来实现障碍物识别与跟踪和躲避。根据周边信息在地图上定位汽车的实现难度很大，因为民用 GPS 误差过大，不能直接用于无人驾驶。有一类定位是通过激光雷达使测量周围物体和汽车自身距离的精度达到厘米级，配合三维地图数据，可以将车辆定位误差降低至几厘米至十几厘米。还有一类定位使用计算机视觉方案，也就是同步定位与建图（Simultaneous Localization And Mapping，SLAM）。

从相机中识别行人　从相机中识别行人是一个计算机视觉问题，需要利用摄像机识别出物体，在这里指人。

车道识别　车道识别也是一个计算机视觉问题，可使用道路线检测算法。简单的方法有颜色选择、感兴趣区域（Region of Interest，ROI）、灰度处理、高斯模糊、边缘检测和霍夫变换直线检测等。如果能够识别一张图片中的道路线，那么对于行驶中的车辆上的摄像头实时采集的图像也可以进行实时分析。高级的道路线检测需要计算相机校准矩阵和失真系数，对原始图像的失真进行校正：使用图像处理方法，将图像进行二值化处理；应用透视变换来纠正二值化图像（鸟瞰视图）；检测车道并查找确定车道的曲率和相对于中心的车辆位置；将检测到的车道边界扭曲回原始图像；可视化车道，输出车道曲率和车辆位置。

交通标志识别　无人车也是要懂得交通规则的，所以识别交通标志并根据标志的指示执行不同指令也非常重要。这也是一个计算机视觉问题，可以用深度学习（卷积神经网络）的方法来完成。

车辆的自适应巡航控制　车辆的自适应巡航控制（Adaptive Cruise Control，ACC）是在定速巡航控制的基础上，通过距离传感器实时测量本车与前车的距离和相对速度，计算出合适的油门或刹车的控制量，并进行自动调节。在这方面已有不少成熟的方案。

让汽车在预定轨迹上运动　让汽车在预定轨迹上运动是机器控制和规划问题，比如在躲避突发障碍之后进行动态路线规划。

（2）智能协同

在自动驾驶的基础上，与多车管理调度中心及外部交通环境相关联，最终实现运行和治理协同的智慧交通场景。智慧交通主要是基于无线通信、传感探测等技术，实现车、路、环境之间的大协同，以达到缓解交通环境拥堵、提高道路环境安全、优化交通系统资源的目的。在实现高等级自动驾驶之后，自动驾驶应用场景将由限定区域向公共交通体系拓展。在相对封闭的限定区域场景中，因物理空间有限，行驶路况、线路、条件等因素相对稳定，重复性高，通过独立云端平台协同调度管理，采用固定路线、低速运行、重复性操作的应用更容易落地。典型应用有对园区、景区、机场、校园等限定区域内的自动驾驶巴士进行调度、港口专用集装箱智能运输等。

在公共交通系统场景下，车辆自身的路径规划和行为预测任务对车辆的智能化和网联化水平提出了更高的要求，需要更完善的自动驾驶能力、行驶过程全覆盖的 5G-V2X 网联技术以及云端的高效调度能力。人工智能对自动驾驶能力和云端的高效调度能力的提升有较为重要的作用。该类应用除依赖技术突破，还涉及伦理、法规等，距实际应用尚有时日，主要应用场景有自动驾驶出租车、自动驾驶公交车、智能配送等。

在具体应用方面，目前已有公司提供了完整的解决方案。东软自主研发的车路协同解决方案，可持续构建复杂智能网联环境下人、车、路等多交通主体的共存协同，准确提供 V2I（代表 Vehicle to Infrastructure，即车与基础设施）演示场景中的安全限速预警、道路危险状况提示、闯红灯预警、绿波车速引导、弱势交通参与者提醒等，V2V（代表 Vehicle to Vehicle，即车与车）演示场景中的前向碰撞预警、盲区提醒和故障车辆预警等，以及安全机制验证场景中的伪造限速预警防御、伪造红绿灯信息防御、伪造紧急车辆防御和伪造前向碰撞预警防御等。

（四）智慧医疗

智慧医疗是指将物联网、云计算、大数据、人工智能等技术融入传统医疗领域，通过医疗信息化系统平台将患者、医务人员、医务设备和医疗机构等连接起来，为公众提供医疗服务。智慧医疗可以依靠智能医疗应用和智能医疗器械实现在医疗领域各个环节的高度信息化和智能化。在诊疗方面，通过人工智能技术对海量临床数据进行医学分析，以辅助医务人员诊断。比如使用人工智能辅助影像信息处理，可以帮助医生进行食道癌、肺癌、乳腺癌等疾病的早期筛查。人工智能等技术的不断涌现，促进了医疗行业数字化进程，简化了患者就医及医院服务流程，使医疗信息能在患者、医疗设备、医院信息系统和医务人员之间流动共享，极大地提高了医疗工作效率。

1. 智慧医疗整体架构

智慧医疗整体架构可分为终端层、网络层、平台层和应用层这4部分。终端层实现持续、全面、快速的信息获取。终端层主要是信息的发出端和接收端，它们既是信息采集的工具，也是信息应用所依附的载体，通过传感设备、可穿戴设备、感应设备等智能终端实现信息的采集和展示，其中包括机器人、智能手机、医疗器械、工业硬件等设备；网络层实现实时、可靠、安全的信息传输，是信息的传输媒介，通过分布于不同应用场景的独立网络或共享网络，实时高速、高可靠、超低时延地实现通信主体间的信息传输；平台层实现智能、准确、高效的信息处理，起着承上启下的作用，以人工智能、云存储等技术，对散乱无序的信息进行分析处理，为前端的应用输出有价值的信息；应用层实现丰富多样的信息应用，以支撑不同的应用场景，如无线医疗监测与护理应用、医疗诊断与指导应用、远程操控应用等。

2. 智慧医疗领域中的智能技术

未来，智慧医疗将受益于 5G 高速率、低时延的特性及大数据平台的分析能力等，让每个人都能够享受及时、便利的智慧医疗服务，满足人们对未来医疗的新需求，应用于如人工智能辅助诊疗、VR 教学、影像设备赋能等高价值应用场景。同时，鉴于移动医疗发展的迫切性和重要性，在业务应用方面，新技术、新能力要支持各类疾病的建模预测，实现医学造影的病灶识别和分类，支持基于人工智能的智能分诊、诊断辅助和电子病历书写等功能，为患者提供以数字化为特征的、智能化与个性化相结合的诊疗服务，这涉及预防、诊断、治疗和护理，贯穿健康管理全过程。

3. 智慧医疗领域中的智能技术应用

在医疗领域中，人工智能应用场景越发丰富，包括医学影像分析、病历与文献分析、辅助诊断、药物研发、健康管理和疾病预测等，人工智能技术也逐渐成为影响医疗行业发展、提升医疗服务水平的重要因素。智慧医疗通过更深入的智能化、更全面的互联互通、更透彻的感知和度量，实现医生、患者以及各医疗机构之间的高度协作，达到医疗信息的高速移动与共享，真正实现以患者为中心，解决目前医疗系统突出的问题。

目前，医疗领域较为突出的问题主要分为 3 个方面。第一，医疗资源不足。《中国卫生健康统计年鉴（2022 年）》数据显示，近年来，我国执业医师数量保持了约 20 万的年增长量。但总体而言，我国医生资源总量不足的问题依然突出。2021 年，全国每千人口执业医师约 2.55 人，农村地区仅 1.81 人。世界卫生组织数据显示，中国每 1 万人对应的医生数量为 23.9 人，而美国为 35.6 人，日本为 26.1 人，法国为 33.2 人，德国为 45.2 人，英国为 31.7 人。我国的医疗资源发展不均衡、不充分，特别是地区之间、城乡之间差异比较大。如果引入人工智能技术，则可以减少不必要的人工时间消耗，弥补医疗行业医生空缺，提高诊疗效率。第二，医疗成本偏高。近年来，我国居民可支配收入水平持续上升，公众的健康意识不断增强，这使得我国居民对医疗服务的需求不断增加。医疗资源配置不合理、利用效率低、医生水平限制等问题，使得医疗成本过高，给人民带来了沉重的负担。人工智能技术的引入能够帮助医生制定更加合理、有效的医疗方案，减少患者不必要的支出。第三，误诊率偏高。受知识、情绪、诊疗手段等主客观因素影响，人工诊断存在相对较高的误诊率。引入人工智能技术，可以查询并记录海量的医疗数据、文献，辅助医生诊断治疗，提高准确率。

使用人工智能技术的医疗信息化产品能够较好解决问题。下面介绍几个人工智能的典型应用，它们不同程度地解决了上述问题。

（1）人工智能医学影像

人工智能和医学影像的结合，能够为医生阅片和勾画提供辅助和参考，大大节约了医生时间，提高了诊断、放疗及手术的精度。在医学影像应用场景下，主要使用人工智能技术满足 3 种需求。一是病灶识别与标注的需求，即需要人工智能医学影像产品针对医学影像进行图像分割、特征提取、定量分析、对比分析等工作。针对这种需求，基于 X 射线、CT、磁共振等医学影像的病灶自动识别与标注系统，可以大幅提升影像医生的诊断效率。现在的人工智能医学影像系统可以在几秒内完成对 10 万张以上的医学影像的处理，同时可以提高诊断准确率，尤其是降低了诊断结果的假阴性概率。二是靶区自动勾画与自适应放疗的需求，即需要人工智能医学影像产品针对肿瘤放疗环节的医学影像进行处理。针对这种需求，靶区自动勾画及自适应放疗产品能够帮助放疗科医生对 200～450 张 CT 影像进行自动勾画，大大缩短了时间，并且能够在患者 15～20 次上机照射过程中不断识别病灶位置变化以达到自适应放疗，有效减少射线对患者健康组织的伤害。三是医学影像三维重建的需求，即在手术环节，需要人工智能医学影像产品在人工智能识别的基础上进行医学影像三维重建。针对这种需求，人工智能可以应用基于灰度统计量的配准算法和基于特征点的配准算法，解决断层图像配准问题，节省配准时间，提高配准效率。

在新冠疫情期间，人工智能已经在影像学诊断中充分发挥作用。东软医疗与广州医科大学附属第一医院所属广州呼吸健康研究院共同组建的"国家呼吸系统疾病临床医学研究中心呼吸影像大数据与人工智能应用联合实验室"，联合吉林大学第一医院、武汉市第一医院等多家奋战在抗疫一线的医疗机构，快速研发和推出了新冠感染智能辅助筛查系统"火眼 AI"。"火眼 AI"利用人工智能技术，快速针对患者 CT 影像进行新冠感染相关典型征象的智能检测，可快速标记病灶位置、精准评估病灶情况。此系统大幅度减轻了前线医生的工作量、提升了筛查诊断的效率和质量，能及时发现感染者。

（2）人工智能辅助诊断

除医学影像外，人工智能辅助诊断还包括电子病历、导诊机器人、虚拟助理等服务。利用"机器学习＋计算机视觉"可缓解病理专家稀缺、医生水平不高的现状，利用"人工智能＋大数据"可对患者进行系统化记录和健康管理，利用"人工智能＋机器人"可缓解医院医务工作者人数不足的压力。

电子病历是基于计算机的电子化患者记录，用于保存、管理、传输和重现数字化的患者医疗记录，取代了手写纸制病历。人工智能技术可利用自然语言处理技术使"病历语言"标准化、结构化、统一化，可关联单一病种相关数据，可利用语音识别和语音合成来处理大量文本录入工作，最终达到辅助临床决策的目的。

导诊机器人可在医院业务高峰期时用于及时响应、指导患者就医、引导分诊等。导诊机器人可基于人脸识别、语音识别等人机交互技术，提供挂号、科室分布、就医流程指导、身份识别、数据分析、知识普及等服务。

虚拟助理可以提供实时、持续的支持和建议，辅助医生进行诊断和治疗，还可以提取、分析和分享与患者相关的大量数据，以节省医生的时间和精力。

（3）人工智能健康管理

传统健康管理中的智能穿戴设备没有解决数据关联性问题。可穿戴设备仅仅停留在数据提取、采集和趋势分析上，未能实现为用户提供健康画像并改善健康的功能。这种情况下，健康管理仅仅起到了反馈和预测身体健康情况的作用，而没有起到提供健康解决方案的作用。可以应用人工智能对海量健康数据进行读取、分析，对医疗病历数据进行学习。这样，健康管理平台就像一个虚拟医生一样，能够根据用户的健康数据向用户提供健康解决方案。

当前，有不少健康管理从业者的医学知识储备不足以让其独立地为客户制定方案。使用人工智能开发的健康管理设备、平台等拥有专业性强、完整程度高的知识图谱，能够为用户提供准确度高、专业性强的健康解决方案。

七、智能技术与生物识别

（一）生物识别技术

生物识别技术主要是指通过人的生理特征或行为特征进行个人身份鉴定的一种技术，即通过计算机与光学、声学、生物传感器和生物统计学等的紧密结合，利用人体固有的生理特性（如指纹、脸型、虹膜等）和行为特征（如笔迹、声纹、步态等）进行个人身份鉴定。

生物识别技术是人工智能中的一类底层应用技术，它通过生物识别产品搜集人们的各种生活数据，形成个人数据库。相比于传统的身份鉴定方法，生物识别技术更安全、更保密、更方便。生物识别技术具有不易遗忘、防伪性好、不易伪造或被盗、随身"携带"和随时随地可用等优点。

生物识别技术是辅助人工智能创造数字生活和智慧生活的重要技术，其应用领域广、市场增速快。目前，国内外的移动设备和智能家居生产商几乎都开始使用生物识别技术来实现支持指纹或人脸识别解锁的手机锁和门锁，以提升个人信息安全和生活便捷度；银行、物业等使用生物识别技术来实现风险管理系统、门禁和考勤系统等；政府使用生物识别技术来构建生物 ID 系统、平安智慧城市系统等。基于众多的市场需求，生物识别技术商业化程度将越来越深入。

生物识别技术是人工智能的感知层和入口，在人工智能产业链中，生物识别技术是人工智能领域中的一种底层应用技术。作为人工智能的感知层，生物识别技术用于为各应用领域和技术领域采集生物特征数据；作为人工智能的入口，生物识别技术用于身份认证，是实现人工智能"识人"的第一步。此外，生物识别技术本身又利用人工智能领域中的大数据技术和深度学习技术来不断迭代升级。因此，生物识别技术也是人工智能领域中的重要一环，二者是相辅相成的关系。可以说，生物识别技术是目前人工智能领域中应用场景较为广泛的技术。

（二）生物识别技术的分类

生物识别技术根据生物特征分为生理特征和行为特征两类。生理特征包括指纹、掌形、眼睛（视网膜和虹膜）、人体气味、脸型、皮肤毛孔、手腕和手的血管纹理、DNA 等；行为特征包括笔迹、声纹、步态、按键盘的力度等。

基于生理特征的生物识别技术如下。

指纹识别　指纹是指人的手指末节内侧表面的皮肤乳突排列而成的花纹结构。花纹有规律地排列形成不同的纹形。花纹的起点、终点、结合点和分叉点，称为指纹的细节（minutiae）特征点。指纹识别技术是目前最成熟、应用最广泛的一种生物识别技术。

人脸识别　人脸识别又称人像识别，是人工智能领域中先进的生物识别技术，这里特指通过分析、比较人物视觉特征信息进行身份鉴别的计算机技术。实际上，广义的人物识别包括构建人物识别系统的一系列相关技术，包括人物图像采集、人物定位、人物识别预处理、身份确认以及身份查找等；狭义的人物识别特指通过人物进行身份确认或者身份查找的技术或系统。

虹膜识别　虹膜识别通过虹膜终身不变和差异性的特点来识别人的身份。虹膜具有唯一性、稳定性、防伪性好的特点。对比各类人体生物特征识别技术，虹膜识别是较精确和较难伪造的，同时也是生物识别中对人产生较少干扰的技术。

指静脉识别　指静脉识别是通过指静脉识别仪取得个人手指静脉分布图，从手指静脉分布图中依据专用比对算法提取特征信息进行识别的生物特征识别技术。由于人类手指中流动的血液可吸收特定波长的光线，因此使用特定波长的光线对手指进行照射，可得到手指静脉的清晰图像。指静脉识别可以检测对象是否是活体、指纹与指静脉是否是同一个人。

掌纹识别　掌纹与指纹一样具有稳定性和唯一性，利用掌纹的线特征、点特征、纹理特征、几何特征等完全可以识别一个人的身份，因此掌纹识别是基于生物特征身份认证技术的重要内容。目前采用的掌纹图像主要分为脱机掌纹和在线掌纹两大类。脱机掌纹是指在手掌上涂上油墨，然后在一张白纸上按印，最后通过扫描仪进行扫描而得到的数字化图像。在线掌纹则用专用的掌纹采样设备直接获取，其图像质量相对比较稳定。

视网膜识别　人体的血管纹路也具有独特性，可以利用光学方法透过人眼晶体来测定人的视网膜上面的血管图样。用于生物识别的血管分布在神经视网膜周围，即视网膜四层细胞的最远处。如果视网膜不受损，从儿童时期起就不再改变。同虹膜识别技术一样，视网膜识别也是最可靠、最值得信赖的生物识别技术之一，但它应用起来的难度较大。视网膜识别技术要求激光照射眼球的背面以获得视网膜特征。

手形识别　手形指的是手的外部轮廓所构成的几何图形。在手形识别技术中，可利用的手形几何信息包括手指不同部位的宽度、手掌宽度和厚度、手指的长度等。经过生物学家大量实验证明，人的手形在一段时期内具有稳定性，且不同人的手形不同，即手形作为人的生物特征具有唯一性、稳定性。此外，手形也比较容易采集，可以利用手形对人的身份进行识别和认证。

红外温谱识别　人的身体各个部位都在向外散发热量，而这种散发热量的模式就是一种个人所独有的生物特征。通过红外设备可以获得反映身体各个部位发热强度的图像，这种图像称为温谱图。拍摄温谱图的方法和拍摄普通照片的方法类似，因此，可以用人体的各个部位来进行鉴别，比如可对面部或手背静脉结构进行鉴别来区分身份。除了用来进行身份鉴别外，温谱图的另一个应用是吸毒检测，因为人体服用某种毒品后，其温谱图会显示特定的结构。

人耳识别　人耳识别技术是 20 世纪 90 年代末兴起的一种生物特征识别技

术。人耳具有独特的生理特征和观测角度的优势，使人耳识别技术具有相当大的理论研究价值和实际应用前景。在生理解剖学中，人的外耳分为耳郭和外耳道。人耳识别的对象实际上是外耳裸露在外的耳郭，也就是人们习惯上所说的"耳朵"。完整的人耳识别一般包括以下几个过程：人耳图像采集、人耳图像的预处理、人耳图像的边缘检测与分割、特征提取、人耳图像的识别。目前的人耳识别技术是在特定的人耳图像库上实现的，一般通过摄像机或数码相机采集一定数量的人耳图像，建立人耳图像库。动态的人耳图像检测与获取尚未实现。

味纹识别 人的身体是一种味源。人的气味会虽然受到饮食、情绪、环境、时间等因素的影响和干扰，但由基因决定的那一部分气味——味纹却始终存在且终生不变，因此可以将其作为识别一个人的标记。由于气味的性质相当稳定，如果将其密封在试管里制成气味档案，足足可以保存 3 年，即使是在露天环境中也能保存 18 小时。

DNA 识别 通过对若干种不同基因的同源重组速率的统计分析，我们能够获知基因在染色体上的顺序。若进行大量类似的分析，我们可以确定各个基因的大致位置。现在，由于人类已经获得了巨大数量的基因组信息，依靠较慢的实验分析已不能满足识别的需要，而基于计算机算法的 DNA 识别得到了长足发展，成了 DNA 识别的主要手段。

基于行为特征的生物识别技术如下。

步态识别 步态识别是指通过提取人体每个关节的运动特征以及人们走路的姿态进行身份识别。与其他生物识别技术相比，步态识别具有远距离和不容易伪装的优点。步态识别使用摄像头采集人体行走过程的视频图像，进行处理后同存储的数据进行比较，就可达到身份识别的目的，具有非侵犯性和可接受性。

笔迹识别 笔迹识别是一种行为性的生物特征。对于每个书写者而言，其笔迹总体上具有相对稳定性，而笔迹的局部变化则是每个书写者笔迹的固有特性。而对于不同的书写者而言，其笔迹的差别则比较大。笔迹识别是生物特征识别的一个重要分支，它测量图像本身以及签名时的动作，包括书写每个字的速度、笔画顺序、笔迹压力，以及笔在不同字母间移动的特征。笔迹识别和声纹识别一样，是一种行为测定学。

击键识别　击键识别是基于人击键时的特性，如击键的持续时间、击不同键之间的时间、出错的频率以及力度大小等而进行身份识别的。击键识别技术是行为生物识别的一种创新性应用。这是一种以键盘为识别媒介的技术——每个人的打字节奏是独一无二的，很难被假冒，因此可以与密码等身份鉴别形式相结合。这一技术由软件驱动，不需要任何额外硬件。

声纹识别　声纹识别是指用电声学仪器显示的携带言语信息的声波频谱进行身份识别。人类语言的产生是人体语言中枢与发音部位之间一个复杂的物理过程，每个人在讲话时使用的发声部位——舌、牙齿、喉头、肺、鼻腔——在尺寸和形态方面的差异很大，所以任何两个人的声纹都有差异。由于每个人的发音方式都不尽相同，因此在一般情况下，人们仍能区别不同的人的声音，或判断两段声音是否是同一人的声音。

（三）生物识别需求环境

随着电子科技的发展，生物识别技术得到了快速发展。我国生物识别技术的应用场景越来越多，屏下指纹、虹膜、人脸识别等技术逐渐应用到金融、物联网、电子消费品等行业。随着消费的升级，手机生物识别、汽车生物识别、智能锁等技术和产品被广泛地应用于普通消费者的日常生活。

从生物识别消费者的消费结构来看，我国生物识别行业消费者消费主要分布在指纹识别和人脸识别，所占市场比例分别为 53.9% 和 16.2%，其次为虹膜识别和掌纹识别，所占市场比例分别为 7.8% 和 6.9%。

从生物识别技术的应用领域来看，目前我国生物识别主要应用于手机、智能锁等消费电子领域以及金融领域，其中消费电子领域的市场占比达到了 41.5%。

从目前市场上主流消费产品使用的识别模式来看，68.2% 的产品都为单一识别模式。由于单一生物识别技术在精度、识别速度、安全性等方面有一定的缺陷，为了防止某一单一生物识别技术所带来的安全风险，银行、保险以及支付领域逐步使用多重生物识别技术。未来，多重生物识别技术融合将是一大趋势。

除了以上提及的传统应用领域，随着人工智能和深度学习技术的发展，生物识别技术也获得了长足发展，带来了更为广阔的应用空间。

1. 安防领域

生物识别技术是安防行业的热门技术，且在行业里持续升温。生物识别技术在安防行业的市场潜力是巨大的，尤其是在智能监控领域。目前，以人脸识别和人的行为识别为代表的应用市场日渐庞大。众多安防企业在生物识别领域已经投入大量的人力物力，部分企业已经取得了不少成果。

2. 实名制带来的一系列市场

2019 年春节前，北京西站等车站的"人脸识别通道"引起了不少关注。在 G20 杭州峰会期间，人们入住杭州一些酒店前都要经过人证合一的认证。随着国家对于实名制的要求越来越严，生物识别这种"能够证明你就是独一无二的你"的技术，必将获得相关政府部门的青睐。

3. 物联网

得益于大数据、云技术及 5G 技术的不断成熟，物联网相关产业也获得了快速发展。以物联网技术为核心的终端产品在市场上也获得了用户的青睐，全球物联网市场规模不断扩大，增长迅猛。目前，生物识别在物联网设备上有了广泛应用，以智能终端为载体的生物识别设备出货量逐年增加，随着需求增长和技术的不断完善，依托物联网，生物识别行业将迎来新的发展契机。

4. 区块链

随着区块链技术的不断发展，并逐步与各行各业创新融合，其在多场景多业态下应用成为可能。未来，生物识别技术因其优异的安全性将在区块链数据安全性方面得到广泛应用，区块链技术的发展将带动生物识别行业飞速发展。

5. 签证应用

生物识别签证是当前世界签证技术发展的新趋势。特别是在"9·11"事件后，美、英、法等国家在为本国公民签发具有生物特征信息的电子护照的同时，开始对外国公民实行生物识别签证。这一技术正在被越来越多的公众所接受。所谓生物识别签证，就是将生物识别技术引入签证领域，利用人脸、指纹等生物特征具有的安全、保密等特点，在颁发签证或出入境边防检查过程中采集和存储生物特征信息数据，通过有效比对，能更加准确、快捷地鉴别出入境人员身份。目前，我国的生物识别签证应用范围也越来越广泛。

6. 非接触式经济

从近距离识别到远距离识别，从对静止的人进行识别到对运动的人进行识别，发展到对大量人群的识别，人脸识别、虹膜识别等生物识别发展已经清晰描绘了科技研究路线图。畅想一下未来生物识别技术无处不在的生活：钥匙已没必要存在，你只要用一个眼神，家门就能为你打开；去银行取款，无须带卡，刷脸即可，也不必担心账号被盗；家中来了陌生人，视频监控会立即发出报警声；网上购物，只要看一下摄像头，就能实现支付；登录社交网络，可以瞬间找出同一张脸出现在网络好友圈中的所有照片；超市老板根据人脸分析结果，就能统计当天光顾的客户数量和年龄分布以分析销售情况，广告商也能据此提供更为精准的定向广告……

7. 其他领域

事实上，随着生物识别技术的发展，生物识别技术的应用绝不会只限于上文中所提到的领域。凡是一些需要进行身份认证和识别的场所都将纳入生物识别技术的市场范围。例如在金融、医疗、教育、交通、社保等领域，生物识别技术都有着非常广阔的应用空间，因此其市场潜力无可估量。

（四）生物识别技术及应用分析

1. 人脸识别技术

人脸识别技术的实现过程如下：对于输入的人脸图像或者视频流，首先判断其中是否存在人脸，如果存在人脸，则进一步给出每个人脸的位置、大小和各个主要面部器官的位置信息，并依据这些信息，进一步提取每个人脸中所蕴含的身份特征，将其与已知的人脸进行对比，从而识别每个人脸所对应的身份。

（1）人脸检测

人脸检测可在动态场景与复杂背景中判断是否存在人脸，并分离出人脸，一般有以下 5 种方法。

参考模板法　首先设计一个或数个标准人脸的模板，然后计算测试样品与标准模板之间的匹配程度，并通过阈值来判断是否存在人脸。

人脸规则法　由于人脸具有一定的结构分布特征，所谓人脸规则法，即提取这些特征生成相应的规则以判断测试样品是否存在人脸。

样品学习法　采用模式识别中人工神经网络的方法，即通过对人脸样品集和非人脸样品集的学习生成分类器。

肤色模型法　依据人脸肤色在色彩空间中分布相对集中的规律来进行检测。

特征子脸法　将所有人脸集合视为一个人脸子空间，基于测试样品与其在子空间的投影之间的距离判断是否存在人脸。

值得注意的是，上述 5 种方法在实际检测系统中也可综合应用。

（2）人脸跟踪

人脸跟踪是指对被检测到的人脸进行动态目标跟踪，可使用基于模型的方法和基于运动与模型相结合的方法。此外，使用肤色模型进行跟踪也不失为一种简单而有效的手段。

（3）人脸比对

人脸比对是指对被检测到的人脸进行身份确认或在人脸库中进行目标搜索。也就是说，将采样到的人脸与库存的人脸依次进行比对，并找出最佳的匹配对象。所以，人脸描述决定了人脸识别的具体方法与性能，主要使用特征向量法与面纹模板法两种描述方法。

特征向量法　先确定虹膜、鼻翼、嘴角等部位的大小、位置、距离等属性，然后计算出它们的几何特征量，这些特征量构成一个描述该人脸的特征向量。

面纹模板法　在库中存储若干标准人脸模板或人脸器官模板，在进行比对时，将采样人脸所有像素与库中所有模板采用归一化相关量度量进行匹配。此外，还可采用模式识别的自相关网络或特征与模板相结合的方法。

2. 人脸识别技术主要模块

（1）人脸图像采集及检测

人脸图像采集　不同的人脸图像都能通过摄像头采集，比如静态图像、动态图像，不同位置、不同表情的人脸图像都可以采集。当用户在采集设备的拍摄范围内时，采集设备会自动搜索并拍摄用户的人脸图像。

人脸检测　人脸检测在实际中主要用于人脸识别的预处理，即在图像中准确标定人脸的位置和大小。人脸图像中包含的模式特征十分丰富，如直方图特征、颜色特征、模板特征、结构特征及 Haar 特征等。人脸检测就是把其中有用的特征挑出来，并利用这些特征实现人脸检测。主流的人脸检测方法基于以上特征使用 Adaboost 算法。Adaboost 算法是一种用来分类的方法，它把一些比较弱的分类方法组合在一起，形成新的、很强的分类方法。人脸检测过程中使用 Adaboost 算法挑选出一些最能代表人脸的矩形特征（弱分类器），按照加权投票的方式将弱分类器构造成一个强分类器，再将训练得到的若干强分类器串联成级联结构的层叠分类器，有效提高了分类器的检测速度。

（2）人脸图像预处理

人脸图像预处理是基于人脸检测结果，对图像进行处理并最终服务于特征提取的过程。系统获取的原始图像由于受到各种条件的限制和随机干扰，往往不能直接使用，必须在图像处理的早期阶段对它进行灰度校正、噪声过滤等图像预处理。对于人脸图像而言，其预处理过程主要包括人脸图像的光线补偿、灰度变换、直方图均衡化、归一化、几何校正、滤波以及锐化等。

（3）人脸图像特征提取

人脸识别系统可使用的特征通常分为视觉特征、像素统计特征、人脸图像变换系数特征、人脸图像代数特征等。人脸图像特征提取就是针对人脸的某些特征进行的。人脸图像特征提取也称人脸表征，是对人脸进行特征建模的过程。人脸图像特征提取的方法分为两大类：一类是基于知识的表征方法，另一类是基于代数特征或统计学习的表征方法。

此处介绍基于知识的表征方法。该方法主要根据人脸器官的形状描述以及它们之间的距离特性来获得有助于人脸分类的特征数据，其特征分量通常包括特征点间的欧氏距离、曲率和角度等。人脸由眼睛、鼻子、嘴、下巴等局部构成，对这些局部和它们之间结构关系的几何描述，可作为识别人脸的重要特征，这些特征称为几何特征。基于知识的表征方法主要包括基于几何特征的方法和模板匹配法。

（4）人脸图像匹配与识别

人脸图像匹配是指将提取的人脸图像的特征数据与数据库中存储的特征模板进行匹配，而人脸图像识别则是将待识别的人脸特征与已得到的人脸特征模板进行比较，根据相似程度对人脸的身份信息进行判断。这一过程又分为两类：一类是确认，是一对一进行图像比较的过程；另一类是辨认，是一对多进行图像匹配对比的过程。

3. 人脸识别系统主要功能模块

人脸捕获与跟踪　人脸捕获是指在一幅图像或视频流的一帧中检测出人脸并将人脸从背景中分离出来且保存。人脸跟踪是指利用人脸捕获技术，当指定的人脸在摄像头拍摄范围内移动时自动对其进行跟踪。

人脸识别比对　人脸识别比对分为核实式比对和搜索式比对。核实式比对是指将捕获到的人脸或指定的人脸与数据库中已登记的某一人脸比对，核实是否为同一人。搜索式比对是指从数据库中已登记的所有人脸中搜索，查找是否有指定的人脸。

人脸建模与检索　可以将登记入库的人脸数据进行建模以提取人脸特征，生成人脸模板（人脸特征文件）保存到数据库中。在进行（搜索式）人脸识别时，将指定的人脸进行建模，再将其与数据库中的所有人脸模板相比对，最终根据相似值列出最相似的人员列表。

活体检测　系统可以识别出输入的信息是否来自一个真正的人，以防止作假。这种检测称为活体检测。目前，活体检测分为三种：配合式活体检测、静默活体检测、双目活体检测。配合式活体检测通过眨眼、张嘴、摇头等配合式组合动作，使用人脸定位和人脸跟踪技术进行检测；静默活体检测只要求用户实时拍摄照片或视频进行真人校验；双目活体检测利用"可见光＋近红外"对不同光照下的人脸反射光谱进行分类，对人脸图像进行关联以判断、区分皮肤与其他材质。

图像质量检测　图像质量的好坏直接影响识别效果。图像质量检测能对即将进行比对的照片进行图像质量评估，并给出相应的建议值来辅助识别。

4. 人脸识别技术应用分析

（1）智能安防领域

随着智慧城市等项目的开展和大数据、人工智能等技术的应用，智能安防领域对于人脸识别技术的需求越来越大。人脸识别作为一种非常重要的身份识别手段，在公安巡检、网上追逃、户籍调查、证件查验等方面得到了广泛应用。同时，人脸识别也可以作为一种访问控制手段，延伸出如考勤系统、门禁系统等方面的应用，以确保只有经过授权的人员才能进入某些区域。

（2）金融交易领域

人脸识别技术在金融交易领域的应用也非常普遍，其应用场景主要包括人脸识别存取款、电子银行远程开户、在线网络支付等。早在 2013 年，芬兰的创业公司 Uniqul 就推出了全球第一款基于人脸识别系统的支付平台。该人脸识别系统支付平台将用户面部生物数据与数据库中的数据进行匹配，短时间内即可快速完成身份确认和交易流程。

（3）公共交通领域

人脸识别技术在公共交通中的应用主要涉及航空、火车、汽车、地铁等公共出行方面。近年来，随着信息技术飞速发展，人脸识别逐步渗透到公共交通领域的方方面面。以民航领域为例，人脸识别技术不仅用于员工身份核验，也用于乘客出入境自助通关、自助登机等环节。此外，人脸识别技术还广泛用于视频监控、智慧安检、安防布控、运营管理、自助行李托运、疫情防控及智慧服务等各种场景。

（4）营销零售领域

人脸识别技术在营销零售领域的应用正在快速扩展。以无人零售为代表的新零售场景大量使用了人脸识别技术，无人售货机遍布各大商场、办公楼宇、地铁站等公共场所，无人便利店自 2017 年起广泛使用了人脸识别安全系统。此外，人脸识别技术还广泛应用于广告投放和识别客户信息（如客户性别、年龄、表情、肤质、观看广告时长等），并通过分析这些数据有针对性地向客户推送最有吸引力的广告。

（5）智能终端设备解锁

2017 年 9 月，苹果手机 iPhone X 应用了 Face ID 屏幕解锁功能，随后，各大手机厂商相继使用了人脸识别解锁功能，引发了智能终端设备人脸识别应用的热潮。成了人脸识别产业新的快速增长点。

（6）医疗领域

人脸识别技术在医疗行业也正在广泛应用，进一步提升了病情诊断的准确性、医疗服务效率和便捷性。通过对面部表情的分析和比对，在医疗诊断方面，可以判断患者的疼痛程度、精神状态等；在医疗治疗方面，可以确定治疗方案、监测治疗进展等。同时，人脸识别医疗还可以与其他电子医疗服务技术相结合。患者可以通过人脸识别技术进行在线预约和挂号，避免排队等候。人脸识别在医疗中的应用依赖准确的人脸数据库，因此要特别注意数据的安全性，保护患者的隐私。

（7）教育领域

在教育领域，除了在各种重大考试中应用人脸识别技术防止舞弊，人脸识别技术还应用于课堂签到、课堂效果监测等方面。在课堂上使用人脸识别技术对学生面部表情进行识别，根据学生的情绪表现监测分析，进一步改善教学效果。美国卡耐基梅隆大学的研究人员曾展示过一套全面的实时传感系统——EduSense。该系统使用两台壁挂式摄像头（一台对着学生，一台对着老师）自动识别人脸，可以对视频和音频进行分析。

（8）寻找失踪儿童

人脸识别技术作为人工智能技术的一种重要应用，可以通过对失踪儿童的照片进行分析，并与公安系统中的人脸数据库进行核比，快速找到失踪儿童的信息。这种技术主要是研究人员对 0 至 18 岁的人脸成长变化进行建模，采用深度神经网络算法来学习人脸在成长过程中的复杂变化，训练出可以进行跨年龄人脸识别的深度神经网络模型。这项技术已得到普遍应用，比如，在 2018 年的"寻找失踪儿童全国行动"中，公安部门通过人脸识别技术找到了多名失踪儿童的下落。

5. 虹膜识别技术

虹膜识别技术是根据人眼中的虹膜纹理的差异进行身份识别的生物特征识

别技术，在安全性要求较高的应用场合有着较大的优势。

基于虹膜识别的身份鉴别思想最早可以追溯到 19 世纪 80 年代，但是直到最近 20 年，虹膜识别技术才有了飞速发展。19 世纪，法国人阿方斯·贝蒂荣（Alphonse Bertillon）将利用人类生理特征区分个体的思想应用在法国巴黎的刑事监狱中，即使用犯人的许多生理特征，例如耳朵的大小、脚的长度等，来区分不同的犯人。这就是我们所熟知的贝蒂荣人身测定法。虹膜就是当时使用的生理特征来源之一，不过那时主要利用的是虹膜的颜色信息和纹理信息，而且这些信息是通过人眼观察所获取的。国内开始虹膜识别研究相对较晚，主要的研究单位有中国科学院自动化研究所、上海交通大学等。

（1）虹膜识别系统主要功能模块

虹膜是眼睛内的环状薄膜，位于角膜和晶状体之间，可以根据外界光线自动调节瞳孔大小，从而调节光线进入眼球的强度。虹膜主要由基质层和色素上皮层构成，其中富含黑色素细胞、血管、神经和肌纤维。这种复杂的结构造就了虹膜丰富的颜色和纹理图案，如斑点、条纹、细丝和隐窝等。虹膜在妊娠期第 3 个月开始形成，到第 8 个月便趋于稳定。如果没有外力或某些疾病影响，其纹理随年龄的变化十分微小。虹膜纹理的形成不仅与基因有关，还与胚胎所处的母体环境有关，所以即使是同卵双胞胎，他们的虹膜纹理也不一样。

虹膜识别系统主要包括三大功能模块：虹膜图像采集、虹膜图像预处理和虹膜图像特征分析。基于这三大功能模块建立的虹膜识别系统的构成和功能如图 4-3 所示。

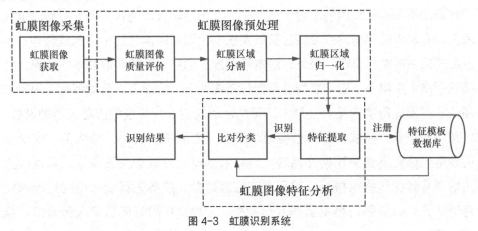

图 4-3 虹膜识别系统

虹膜图像采集　人的虹膜尺寸很小（直径为 11 毫米左右），普通摄像头难以采集到高分辨率的虹膜图像。另外，由于黑色素的影响，大部分亚洲人的虹膜只有在近红外线（波长范围为 700 ~ 900 纳米）的照射下才能呈现出丰富的纹理。所以，虹膜图像采集装置需要特殊的光源、镜头和传感器设计，以获取清晰的高分辨率虹膜图像。

虹膜图像预处理　该模块主要包括虹膜图像质量评价、虹膜区域分割以及虹膜区域归一化。因为虹膜图像采集的难度很大，成像设备会采集到许多质量很差的图像（例如模糊、过曝等）。虹膜图像质量评价模块可以在前期排除掉大部分不满足质量要求的图像，减轻系统的计算负担，从而提高系统的运行效率。虹膜区域分割模块从大量背景中分割出有效的虹膜纹理区域，并且定位出虹膜与瞳孔交界处的内边界和虹膜与巩膜交界处的外边界。虹膜区域分割的精度直接影响虹膜图像特征分析的有效性。虹膜区域归一化模块根据虹膜边界将环形虹膜区域展开为固定大小的条形区域，从而减小虹膜尺寸和收缩变化带来的类内变化。

虹膜图像特征分析　该模块主要包括特征提取和比对分类。特征提取是指从归一化虹膜图像中抽取鲁棒性强的个性化信息对当前虹膜图像进行描述，并且用计算机能够存储和读取的格式进行编码。比对分类则将抽取得到的特征码与存储在特征模板数据库中的虹膜特征码进行比对，确定用户身份。

（2）虹膜识别技术应用分析

技术进步推动应用场景增多。由于虹膜的生理特性，虹膜图像获取通常需要特殊相机和近红外线的配合。近年来，光场成像技术也被应用到虹膜图像获取上，实现中远距离的虹膜图像获取及识别，识别距离超过 1 米的成熟型技术产品开始在产业界出现。另外，随着移动端上的虹膜图像获取技术的成熟，虹膜识别技术应用也从固定终端发展到移动终端上，实现了产品微型化，同时与移动互联网应用紧密结合，带来了更广泛的应用，从传统的近距离考勤设备、门禁功能产品，拓展到移动警务通、手机、金融支付终端、储物柜、安全认证设备、远距离通关识别产品等，再拓展到宠物虹膜识别设备等。具体的应用场景有虹膜识别枪械柜，银行金库虹膜门禁，政务人员登录内网虹膜识别身份认证，机要部门档案管理及档案柜，监狱 AB 门虹膜识别人员管控，监狱虹膜识别监犯点名，民航机场、港口内部员工管控，宠物狗登记备案识别，等等。

虹膜识别技术的进步不仅在国内被越来越广泛地应用，在国外，也有一些国家已经建立了全民虹膜库，其身份证中的虹膜信息可作为身份高级别认证依据，如中东地区银行的自动柜员机支持虹膜识别。虹膜识别成了全球生物识别高安全唯一性认证的首选模态，并呈现应用范围不断扩大的趋势，如新加坡政府已经将虹膜识别系统部署到了所有出入境关口。

虹膜识别市场成熟带来应用升级。我国生物识别市场化应用进入飞速发展阶段，例如指纹识别产品民用化的普及、人脸识别技术的大规模社会化应用和语音识别手机端的广泛应用，使得生物识别技术的应用进入市场化成熟阶段，生物识别在我国的发展呈现出了惊人的速度，人们在新奇中尝试、在"将信将疑"中应用、在陌生中普及，从被动试用到主动要用，生物识别技术产品已经被常规化应用，相关产品中如果没有智能化功能，甚至会跟不上人工智能时代的发展。市场的发展，让应用终端用户对身份认证产品识别模态有了更高的诉求，比如更高的安全性、非接触性，甚至差异化、高端度等。虹膜识别技术在一些要求高安全度的应用场景开始替代其他识别模态或模式（如口令密码）。这些变化推动了虹膜识别技术应用大幅扩展，从传统的行业考勤、门禁应用，发展到现在在公共安全、军事、机要单位、金融、监狱、机场港口、社保等方面的应用，从局部应用逐渐向规模化应用发展。

6. 静脉识别技术

静脉识别技术利用外部看不到的人体内部特征进行活体识别的技术，作为具有高防伪性的生物识别技术备受关注。

（1）静脉采集技术

生物特征样本采集是生物特征识别的第一步，在采集数据的同时会涉及交互、存储等基础的数据处理过程。生物特征样本采集及数据处理需考虑易用性、舒适性和用户接受程度，保证生物特征信号的质量，同时兼顾小巧精致、成本可接受等需求。

目前，静脉采集技术常通过光学传感器形成图像信号，光源选择不可见波段（如近红外线波段），这样一方面可减小环境光对成像的影响，另一方面可避免强光对人眼的干扰。在人机交互设计方面，通过视觉或语音反馈即可让被采集人较为迅速地找到合适的成像位置。

（2）静脉特征提取技术

静脉图像并不能直接用来比对，因为即便是同一部位，每次采集的静脉图像信息依旧存在差别，需要对这些有差别的静脉图像信息进行处理，以得到同一部位（如同一根手指）的共性特征信息。相同的手指具有相同的特征信息，不同的手指之间的特征信息差别很大，这样就能根据特征值来区别不同的手指。

特征值的提取算法很多，常用的是借助傅里叶变换提取幅度和相位信息作为特征值，但是傅里叶变换在区别不同手指的性能方面并不优越。除此之外，还有神经网络、Gabor 变换、Fisher 算法等，每种算法都有各自的优点和缺点，需要相互配合使用。

特征信息提取之后，可根据计算量和性能要求，在这些特征信息里提取一定的特征点来对不同的手指进行标识和比对。也就是说，在最后进行静脉比对时，采用的是这些特征点。特征点的选取数量可以根据性能要求调整：如果选取较多的特征点进行比对，计算量较大，识别性能会提高；如果选取的特征点较少，计算量较小，识别性能会降低。

（3）特征匹配

特征匹配是指计算两个生物特征样本的特征向量之间的相似度，并将该相似度与预先设定的阈值进行比较，从而判断两个生物特征样本是否来自同一个体。当特征检索发生在超大规模的 $1:N$（如一个国家、一个城市、一个行业的人群等）生物特征识别应用中时，完成一次检索的时间将会让人无法忍受，利用并行计算技术可在一定程度上减少每次检索的时间。此外，利用生物特征粗分类的方法也可实现分层次的生物特征识别，减少检索时间。目前，生物特征粗分类的下一步研究重点是增加类别数和提高分类的准确率。

为了获得更快的处理速度，最大程度地提升用户体验，芯片定制化将成为未来静脉识别技术的发展方向之一。采用定制化芯片可优化生物特征识别系统软硬件资源，减少信号传输干扰、降低系统能耗和受攻击风险。目前，市场上有多款面向云侧、边缘侧和端侧的定制化芯片，支持通过构建针对特定应用和数据集合的体系架构，为生物特征识别技术提供服务。

深度学习算法拥有强大的大数据拟合能力，被广泛应用于生物识别方面。随着技术的进一步发展完善，深度学习算法也开始进入静脉识别领域。

5 第五章 智能力量视野下的网络安全大脑

一、"大安全时代" 下的统一感知和整体协防

（一）网络安全进入大安全时代

全球正在进入一个万物互联、"一切皆可编程"的新时代，安全形势发生了变化，新的安全威胁随之产生。高度混合的 IT 架构使得现实世界和虚拟世界边界模糊，现实空间与虚拟空间互通，网络攻击可以直接转化为物理伤害，安全威胁已扩展到现实世界，危害国家安全、国防安全、关键基础设施安全、金融安全、社会安全，甚至人身安全。

（二）网络安全的本质是攻防对抗

过去只重视边界防护、单点防护、查杀病毒的网络安全防护理念和策略，远不足以应对当前高频度、大规模、高级别的网络攻击。在网络空间安全形势越来越复杂的情况下，应以攻防视角看待网络安全，认清安全威胁，找准安全对手。

（三）APT 已成为网络安全的最大威胁

针对关键基础设施和高价值目标的 APT 攻击频繁发生，其攻击手段多样、

攻击链条复杂、持续时间长，传统的网络安全防护手段难以应对。市场上亟须应对 APT 攻击的新技术思路和产品服务，这些将成为保障整个网络空间安全的主要需求和必然要求，也是关系国家安全的国之重器。

（四）要从分散防守升级变革为统一感知、整体协防

要做到统一感知，首先，要将关口前移，以大数据驱动；其次，要将攻防经验转化为知识，提高智能分析的精度和效度；最后，要格外重视安全专家的重要性，提高人机协同、联动响应处置的水平。

统一感知主要解决"看见"的问题，基于此还应建立起对抗导向、运营导向、能力导向、服务导向的整体协防体系。立足协同对抗视角，注重实战演练；以高效持续运营为目标，实现安全能力联动，形成对目标的整体防御；注重复合能力养成，推进体系化的安全能力建设；提供针对性强、效果可见的安全服务，传递高效、可持续的安全价值理念。

二、密码技术是网络安全大脑的基础与保障

网络安全大脑是一个概念，也是一种思维方式，即综合利用 ABCDI（人工智能、区块链、云计算、大数据、物联网智能感知的英文缩写）等技术，对网络环境进行防护预测，保障国家、关键基础设施、社会及个人的网络安全。

在保障网络安全的各种技术中，密码是目前世界上公认的最有效、最可靠、最经济的关键核心技术之一。在网络世界里，密码就像一个看不见的卫士，已经渗透到社会生产、生活的各个方面。从涉及国家安全的保密通信、军事指挥，到涉及国民经济的金融交易、防伪税控，再到涉及公民权益的电子支付、网上办事，等等，密码都在背后发挥着基础支撑作用，维护着国家网络空间的主权、安全和发展。

密码是网络安全大脑的核心技术之一，是整个网络信任体系的基础支撑。可以利用密码在身份鉴别、数据加密、信任传递等方面的重要作用，来维护网络安全大脑的安全秩序，构建其弹性边界，并与其他多种安全技术一道共同构建坚实的网络安全大脑安全防线。

（一）密码技术赋能网络安全大脑框架的关键环节

网络安全大脑的外在表现是典型的人工智能，它具有感知、学习、推理、预测、决策这 5 项核心能力。它利用数以亿计的智能终端，采集数据和信息，经过智能化的分析，感知安全风险；具备自我学习、自我演进的能力，实现对新威胁的识别；依据安全大数据及先验知识或规则进行推理；对未来可能发生的网络安全威胁和攻击进行预测；综合利用各种技术，辅助实现对网络安全威胁的分析、判断、处置、响应、反制等决策。

《中华人民共和国密码法》作为我国密码领域第一部综合性、基础性法律，于 2020 年 1 月 1 日实施。以密码技术为核心、多种技术交叉融合的网络空间及网络安全大脑新安全体制的构建值得期待。

随着技术的发展和融合，如今，密码已突破传统的应用模式，向泛在化和服务化方向发展，可服务于网络安全大脑框架的关键环节，为网络安全大脑数据采集、处理、交易、分析、使用的安全可信提供保障，并与多种安全技术深度融合，构建以密码为支撑的安全保障体系，实现网络安全大脑可信的智能决策。

以海泰方圆云密码服务平台为例。该平台能够提供统一标准、安全隔离、灵活配置的虚拟密码服务，具备集中配置、集中运维的集中管理功能，并且能够提供丰富的可视化监控统计，能够为密码改造和建设提供一站式解决方案。

云密码服务平台将云计算技术和密码技术相结合，将密码服务云化，能够为各"租户"快速搭建安全、独立、可配置的密码服务；能够为密码基础设施提供统一接口，实现密码即服务；能够收集密码安全信息，具备密码安全监督管理能力；能够直观展示密码建设成果，为密码安全建设提供决策参考。

该平台在系统架构上分为平台管理支撑系统、密码应用服务系统和密码服务接口总线。平台管理支撑系统是整个平台的基础配置管理系统，用于管理密码设备、注册密码服务，可以根据使用密码服务的部门的需求创建和管理虚拟密码资源，负责密码设备、服务状态、虚拟机状态的监控预警。密码应用服务系统由平台管理支撑系统创建，并分配给使用密码服务的部门，使用密码服务的部门可以使用此系统配置应用系统的使用策略，对密钥、凭证、身份认证等服务进行基础配置，并将服务发布到接口总线。密码服务接口总线对内可以对接密码服务，对外可以为业务系统提供标准接口。

接下来以某省信息中心负责的全省密码改造项目为例，说明管理支撑系统（以下简称系统）的运作方式，涉及的单位包括省信息中心、省公安厅、省档案馆、某市信息中心，具体部署如图5-1所示。

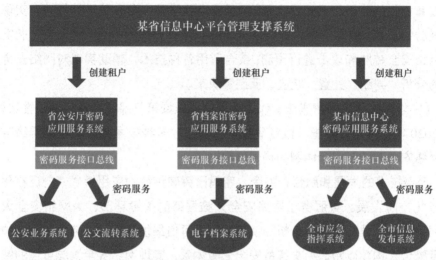

图 5-1　某省信息中心平台管理支撑系统部署示例

省信息中心部署了一个密码应用综合服务平台，通过虚拟化手段为省公安厅、省档案馆、某市信息中心分别创建了密码应用服务系统，授权了可使用的密码服务。省公安厅将公安业务系统和公文流转系统登记到系统中，配置对应使用的密码服务，保证业务系统密码安全。省档案馆将电子档案系统登记到系统中，并配置密码服务。某市信息中心将全市应急指挥系统和全市信息发布系统登记到系统中，并配置密码服务。省信息中心能够监控各虚拟节点的服务状态，各虚拟节点可以监控本系统内的应用对接情况。各虚拟节点之间密钥独立、通信链路独享、服务隔离，可实现互不干扰的安全密码环境。

（二）密码技术在网络安全大脑中发挥着堡垒作用

密码技术在网络安全大脑中发挥着堡垒作用，是最基础的防线之一。正确、合规地使用密码，能够系统有效地解决网络安全大脑架构所需的鉴别、访问控制、完整性、抗依赖性等全体系的平台安全问题，从底层构建可控、有效、安全的生态圈。

伴随着物联网技术的兴起，5G、区块链、人工智能等新一代信息技术将对网络安全大脑产生深远影响。由此带来的最大挑战是，如何在突破既有边界的防护下，灵活、高效地解决谁是谁、谁拥有谁、谁能访问谁、谁为谁服务等问题。因此，在各个行业领域的网络安全大脑中，密码技术发挥着重要的堡垒作用。

1. 智能安防领域

密码技术可应用于视频监控系统的安全解决方案，通过终端接入管理，加强安全认证，保障视频安全传输，免受人为破坏。

安全视频监控遵循 GB 35114—2017《公共安全视频监控联网信息安全技术要求》标准规范，以商用密码为核心，从前端设备层、监控中心层、视频展示层这 3 个层面实现视频监控系统的业务功能，从认证管理、密钥管理、设备管理这 3 个方面为系统提供数字证书管理、密钥生命周期管理、设备配置和状态管理等基础密码服务，共同支撑视频监控安全、可靠运行。

前端设备安全功能以 USB 密码模块、安全接入盒子或密码软模块等软硬件密码资源为支撑，通过统一中间件的形式提供视频服务、密码服务、设备管理服务等安全服务，实现摄像机安全注册、摄像机身份认证、安全策略、视频加密、视频签名、信令认证、密码设备管理等一系列安全功能。

监控中心安全功能以密码机（密码机集群）或 PCI-e 安全模块等硬件密码资源为支撑，通过统一中间件的形式提供视频服务、密码服务、设备管理服务等安全服务，实现身份认证、密钥服务、信令认证、安全策略管理、密码设备管理等一系列安全功能。

视频展示安全功能以 USB 密码模块、PCI-e 安全模块或密码机等硬件密码资源为支撑，通过统一中间件的形式提供视频服务、密码服务、设备管理服务等安全服务，实现身份认证、加密视频解密、签名视频验签、信令完整性保护、密码设备管理等一系列安全功能。

2. 智能网联汽车相关产业

嵌入密码技术能够防护汽车芯片、外围接口、车载操作系统、车载中间件和车载网关等模块安全，可以实现人、车、平台等的可信接入和安全交互，保证车内网络、车际网络和车载移动互联网络等的通信安全和数据安全。

3. 智慧医疗领域

智慧医疗是以自动化、信息化、智能化为表现形式的一种新型医疗服务模式。它是通过融合应用物联网、大数据与云计算、人工智能等技术，以"感（获取数据）、知（分析数据）、行（提供诊断等服务）"为核心，以电子病历和居民健康档案为基础，基于智能化的医疗服务平台和数据中心。智慧医疗能够实现以患者为中心，患者、医务人员、医疗机构、医疗设备的四方联动。

对于智慧医疗来说，网络、数据、计算和平台都存在不可忽视的安全风险，密码技术在这4个层面发挥了安全保障作用。

首先，密码技术支撑了智慧医疗网络安全互联。合规、正确使用密码，能够系统、有效地解决网络安全架构"鉴别、访问控制、数据机密性、数据完整性、抗抵赖"的基本安全需求问题，形成包括网络基础资源、信息设施、网络通道、接入终端、设备控制等在内的全体系安全，从底层保障网络的安全可控。

其次，密码技术助力医疗数据安全防护。密码技术在医疗大数据整个生命周期都能发挥有效保障作用，在从数据产生到传输、存储、处理、分析、共享、再利用等每一个节点上都可以有效保证数据真实性、完整性、机密性、可追溯性。

再次，密码技术保障了智慧医疗算力可控。计算不安全是智慧医疗面临的严峻挑战，如何避免智慧医疗被非法利用而成为"智能杀手"，是必须要解决的问题。在这方面，密码技术能够发挥关键作用。一方面，密码技术可有效保证算法计算可信执行，有效防止恶意攻击。另一方面，密码技术保证算力可控可管、合法使用，确保计算结果正确可靠。

最后，密码技术推动了智慧医疗平台安全运行。密码技术在保障云平台安全方面已经取得突破性进展，有效支撑了云身份鉴别、访问控制、责任认定、数据加解密等安全功能，保障了各类云业务的安全，为智慧医疗云平台安全提供了可借鉴、可复制的样板。

4. 关键基础设施领域

密码技术相关产品可用于加强平台双方的身份认证，防止数据被篡改，实现安全连接、安全执行和安全存储。接下来以水利领域为例行进介绍。

水库云监控系统由3部分组成：数据采集终端，对水库定期、定点采集的样品进行分析、测定，实时监测数据，并发送到监控中心；通信网络，一般通过无线、有线进行数据传输，传输的两端一般采用 Modbus 协议交互数据；监控中心，实现对数据的接收、存储、显示、报表输出等信息的管理工作以及对特殊情况的监控、预警。

整个水库云监控系统存在的风险点在于，监控中心和数据采集终端交互的数据均采用明文方式在开放网络中传输，存在被非法获取或篡改的风险。因此，需要对两端数据进行加密、解密处理，确保其在传输及存储过程中的安全。

通过提供与水库终端设备结合使用的定制远程终端单元（Remote Terminal Unit，RTU）密码模块（硬件），以及服务端密钥管理系统（软件），可以建立一套统一密钥管理系统，对水库云监控系统平台中使用的所有密钥进行统一的管理，形成一套独立的密钥管理体系，从而对外提供密钥管理服务。该系统包括密钥管理功能以及密钥运算功能。

数据采集终端安全加固采用内嵌 RTU 密码模块的方式对采集到的数据进行加密处理；监控中心在业务系统基础上部署统一密钥管理系统，对整个系统使用过程中所使用到的加密密钥、传输密钥、存储密钥等密钥进行管理，并对采集到的数据进行加密存储，最终使水库云监控系统实现安全目标。

当然，除了水利领域，RTU 密码模块还可应用于环保、交通、国土、安防等关键基础设施领域，以及车联网、物联网、智能家居等领域，也可为客户提供定制化的整体密码应用安全解决方案。

三、网络安全大脑能力体系

（一）安全感知体系

面对日趋复杂的网络态势，网络安全体系结合人工智能技术，能实现自动检测、威胁告警、阻断通信，有效控制网络安全事故的影响范围。智能化的网络安全防护平台能够利用威胁情报数据、智能检测引擎和机器学习模型，结合终端日志采集能力，将主机会话和网络连接的数据进行提取比对，及时发现威胁事件并拦截系统内部与外部的各种恶意通信。结合人工智能技术进行工作，可大大减少运维人员的工作量、降低对专业性的要求，系统按照线索将海量告警自动分类，如仿冒钓鱼、网站后门、分布式拒绝服务（Distributed Denial of Service，DDoS）攻击、恶意邮件等，通过智能研判来确定威胁等级，提出适宜的处置建议。

（二）智能免疫系统

传统防御系统利用威胁情报数据，识别出恶意域名和安全威胁行为，以拦截网络威胁行为。而应用人工智能技术的智能检测系统，能够以自主学习的形式建立分析模型，对用户行为和病毒特征进行智能分析，判断行为是否安全合法，对系统中未出现过的网络威胁也能自动识别和防控。而传统防御系统只依据已知规则做出决策，在实际应用中无法覆盖所有威胁类型，因此可能出现漏报的情况。智能化的网络安全防控平台能够利用威胁情报、异常行为规则、动态沙箱、机器学习模型等多种先进检测技术，更为准确地发现内网主机所受到的威胁，做出决策判断。

（三）追踪溯源能力

对攻击事件的黑客组织进行追踪溯源是一个需要关联海量数据、结合资深安全分析人员经验才能完成的工作。使用人工智能技术，能够利用专业分析师的威胁情报理念和分析技术，形成一整套方便、实用的智能追踪溯源工具，自动追踪全球上百个 APT 组织的动向，跟踪并挖掘这些组织的最新威胁情报指标，识别出相应组织最新的重大攻击事件。智能追踪溯源系统能够帮助安全团队在攻击事件中自动分析涉案木马、域名、IP 地址、哈希值、字符串等，挖掘攻击者历史及背景信息，对其攻击手法、攻击途径、资产和地理位置等进行拓展分析，形成黑客画像。随之生成的黑客组织情报信息具备重要价值。借助这些信息，能在新的攻击开始前，监控、捕获到其使用的黑客资产，从而布局防御措施。

（四）神经网络体系

运用人工智能技术进行信息判断与系统控制，不仅能及时释放信号，协同各个处理单元共同工作以提升执行效率，还能对网络安全系统识别到的复杂的数据信息进行科学分类、深层分析，做出决策判断。对于智能检测系统识别到的网络威胁，智能防控平台将同步释放拦截信号，形成网端联动的威胁发现、分析、定位、取证、清除的端到端解决方案，避免内网主机、个人接入设备被恶意程序感染、控制，及时发现受控主机，处置横向移动。

四、构建国家级网络安全大脑总体防线

随着 5G、人工智能、万物互联等新一轮技术革命和产业变革的加速演进，网络安全形势也会越来越严峻，应站在坚持总体国家安全观的全局高度，打破各自为战的传统网络安全模式，统一安全大数据，共建国家级网络安全大脑，构筑大安全时代的国家网络空间安全防线。

（一）基于智能力量形成网络安全统一体

随着大安全时代的到来，网络安全风险也从虚拟空间扩展到物理空间，恶意行为从过去相对孤立的数据泄露、病毒和木马入侵等，转向对国家安全、国防安全、关键基础设施安全、社会安全乃至人身安全的恶意控制或攻击，网络安全形势越发严峻。虽然我们也建立了一些网络安全防御系统，但数据孤岛、各自为战等现象普遍存在。无论是网络安全公司、运营商还是政府部门，都各自掌握一部分数据，既看不到全局，也形不成合力。

因此，要站在坚持总体国家安全观的全局高度，利用基于大数据的人工智能，解决万物互联时代错综复杂的安全问题。

（二）国家网络安全大脑实现基本路径

一是将国家网络安全大脑列为国家重大工程专项，成立国家网络安全大脑项目总体工作组、专家组、工程推进组，分别负责顶层设计和总体筹划、系统设计、工程建设。

二是由国家相关部门牵头，协调网信、工信、公安、科技等部门和单位，组织国企、民企、科研院所等广泛参与，发挥体制优势。

三是智能与安全总体布局。智能技术应用可解决已有的安全问题，也会产生新的安全问题，必须要在发展智能技术与应用的同时，进行安全布局。比如，智能汽车作为交通工具，一旦被黑客攻击或劫持，可能威胁人身安全、社会安全和国家安全。

（三）创新网络安全生态观

5G 是新一代的移动通信技术，带宽大幅增加，峰值速率是 4G 的约 100 倍。从网络安全方面来看，它构筑了万物互联的基础，使海量物联网设备的普及和数据的传输成为可能。围绕 5G 技术落地商用，由 VR 及人工智能等技术所衍生、发展的新业务、新架构、新技术，都对网络整体安全提出了新的挑战，已远非政府、企业、个人可以独自应对，这就需要树立新的网络安全生态观，即从颠覆到赋能。

（四）安全是智能技术发展的首要基础和前提

技术在发展过程中往往会体现出两面性，智能技术发展同样如此。在智能技术向深度和广度延伸时，更需要前置安全理念、安全技术，使智能技术发展安全可靠。当下人工智能技术自身的安全问题主要体现如下。

1. 传感器被干扰

传感器一般分为感测单元和前端，由前端处理感测单元的信号并产生输出。如果传感器被干扰，就会导致输出错误，造成严重后果。例如，无人驾驶汽车识别路况信息，主要依靠红外感应模块、激光雷达等各类车载传感器。如果通过特殊手段干扰车载雷达，就有可能造成车辆急停，引起追尾事故。

2. 大数据受到污染

随着生成式人工智能的爆发，一个可怕的现象出现：人工智能正在污染着大数据。生成式人工智能越来越低成本化，伴生而来的是人工智能生成信息的"垃圾网站"。大数据受污染不仅会影响人类获取有效信息的效率，还会使大语言模型面临严峻挑战。微软曾推出聊天机器人 Tay，但未对其与网友的对话做任何限制。结果 Tay 上线 16 小时内就被"教坏"，成为一名满口脏话的"不良少年"，甚至发表了偏激的种族主义言论，最后不得不被匆匆下线。

3. 内部排序算法有误差

内部排序算法主要用于对数据集进行排序，直接影响着数据的可靠性、稳定性、真实性。从安全的角度，即使人工智能可以保证 99.99% 的准确性，但是只要出现一次微小错误，就会造成严重后果。2018 年，美国优步公司的自动驾驶测试车发生了撞人事故。当时这辆汽车处于光线很暗的环境中，被撞的女士穿了件黑色衣服，人工智能系统对此没有做出准确的判断，甚至没有减速，最终酿成了悲剧。

4. 运行平台有漏洞

人工智能依托从需求分析、技术选型、系统设计、系统实现构建的平台运行，离开平台，人工智能就无从施展本领。许多人工智能系统都依赖开源的深度学习软件，随着开源算法越来越通用，潜在的风险也会越来越高。针对物联网、智能家居、无人驾驶汽车等智能系统的攻击在不断出现，人工智能用于网络攻击、网络犯罪的事件也屡屡发生。

随着人工智能与人类生活的深度融合，人们在享受人工智能带来的便利的同时，往往容易忽视技术自身的安全问题。我们已经看到，针对物联网、智能家居、无人驾驶汽车等智能系统的攻击不断出现，人工智能被用于网络攻击、网络犯罪的事件也屡有发生。因此，安全应成为人工智能发展的基础与前提，以确保人工智能健康、有序发展。

6 第六章 创新发展中的人工智能

　　人工智能作为一种颠覆性技术，正在释放科技革命和产业变革积蓄的巨大能量，深刻改变着人类生产生活方式和思维方式，对经济发展、社会进步等方面产生了重大而深远的影响。世界主要国家都高度重视人工智能发展，我国也把人工智能作为推动科技跨越发展、产业优化升级、生产力整体跃升的驱动力量。在此背景下，我们有必要更好地认识和把握人工智能的发展进程，研究其未来趋势和走向。不同于常规计算机技术依据既定程序执行计算或控制等任务，人工智能具有生物智能的自学习、自组织、自适应、自行动等特征。可以说，人工智能的实质是"赋予机器人类智能"。首先，人工智能是目标导向，而非指代特定技术。人工智能的目标是在某方面使机器具备相当于人类的智能，达到此目标即可称为人工智能，而具体技术路线则可能多种多样，多种技术类型和路线均被纳入人工智能范畴。例如，根据图灵测试方法，人类通过文字交流无法分辨智能机器与人类的区别，那么该机器就可以被认为拥有智能。其次，人工智能是对人类智能及生理构造的模拟。再次，人工智能的发展涉及数学与统计学、软件、数据、硬件乃至外部环境等诸多因素。一方面，人工智能本身的发展需要算法研究、训练数据集、人工智能芯片等横跨整个创新链的多个学科领域同步推进。另一方面，人工智能与经济的融合要求外部环境进行适应性变化，所涉及的外部环境范围十分广阔，例如法律法规、伦理规范、基础设施、社会舆论等。随着人工智能的进一步发展并与经济深度融合，其所涉及的外部环境范围还将进一步扩大，彼此互动和影响亦将日趋复杂。

回望人工智能的发展历史，人工智能经历了 3 个发展高潮，分别是 1956 年～1970 年、1980 年～1990 年和 2000 年至今。1959 年亚瑟·塞缪尔（Arthur Samuel）提出了机器学习，人工智能进入第一个发展高潮，此后 20 世纪 70 年代末期出现了专家系统，标志着人工智能从理论研究走向实际应用。20 世纪 80 年代到 90 年代，随着美国和日本立项支持人工智能研究，人工智能进入第二个发展高潮，其间与人工智能相关的数学模型取得了一系列重大突破，如著名的多层神经网络、反向传播算法等，使算法模型准确度和专家系统进一步提升。当前，人工智能处于第 3 个发展高潮，得益于算法、数据和算力这 3 方面的共同进展。2006 年，深度学习的概念提出，极大地发展了人工神经网络算法，提高了机器自主学习的能力。随后以深度学习、强化学习为代表的算法研究有了进一步的突破，算法模型持续优化，极大地提升了人工智能应用（如语音识别和图像识别等）的准确性。随着互联网和移动互联的普及，全球网络数据量急剧增加，海量数据为人工智能大发展提供了良好的"土壤"。大数据、云计算等信息技术的快速发展，各种人工智能专用计算芯片的应用极大地提升了机器处理海量视频、图像等的计算能力。在算法、算力和数据能力不断提升的情况下，人工智能技术得到快速发展。基于机器学习技术的快速发展，互联网企业正快速提升人工智能能力，为用户提供个性化、精准化、智能化服务，大幅提升用户体验，并将人工智能技术与人们生产、生活的各个领域相融合，有效提升了各领域的智能化水平，给传统领域带来了变革与机遇。

一、我国人工智能研究居于世界领先地位

人工智能作为当下热门的新科技领域，全球各个国家的科技先锋都投入了大量的资金、人力进行技术研发。在政策、经济、市场需求等多方推动下，我国新一代人工智能发展迅速，部分指标已居于世界领先地位。

科学技术部新一代人工智能发展研究中心、中国科学技术发展战略研究院联合国内外 10 余家机构编写的《中国新一代人工智能发展报告 2019》显示，2013 年～2018 年，全球人工智能领域的论文文献产出共 30.5 万篇，其中，我国发表论文 7.4 万篇，美国发表论文 5.2 万篇。中美两国之间人工智能科研论

文合作规模最大，是全球人工智能合作网络的中心，中美两国的合作深刻影响着全球人工智能发展。在全球居前 1% 的人工智能高被引论文中，我国居全球第二；在全球高被引前 100 篇论文中，我国有 16 篇入选。[①]

早在 2018 年 10 月，清华大学中国科技政策研究中心的《中国经济报告》就指出，我国已经成为全球人工智能专利布局最多的国家，数量略微领先于美国和日本，而中、美、日三国专利公开数量占全球总体专利公开数量的 74%[②]。全球专利申请主要集中在语音识别、图像识别、机器人以及机器学习等细分方向。我国的专利技术集中在数据处理系统和数字信息传输等领域，其中图像处理分析的相关专利占总发明数的 16%。

从我国自身的发展来看，我们较好地抓住了时代机遇。在人工智能领域，除目前为大众熟知的 BAT（百度、阿里巴巴和腾讯）外，我国还有一大批在国际上领先的企业，如科大讯飞、商汤科技、依图科技、旷世科技、思必驰等。目前来看，我国的人工智能企业在语音识别、图像识别等应用领域都具有一定优势。

从整体来看，我国的优势主要有如下 3 点。第一，海量数据的优势。由于我国的智能设备普及率较高、人口基数大，所以智能设备用户更多。目前，人工智能的发展主要依托数据驱动的深度学习等算法，强调以数据为基础的学习和训练。因此，我国所具有的数据优势能够转化为技术优势。第二，统一活跃的市场。市场是我国互联网企业崛起的重要基础，由于我国市场是充满活力的统一大市场，所以只要有好的产品，人工智能企业就能很容易在公平竞争的环境下取得快速发展，这种优势在全球是独一无二的。[③] 第三，政府的大力支持。在"人工智能革命"之前，我国已经开始推动"互联网 +"战略。尽管"互联网 +"战略更多考虑的是移动互联网领域的应用问题，但是这已经为人工智能的发展奠定了一个良好的基础。在"互联网 +"战略的影响下，我国已经出现了一批具有全球竞争力的企业。同时，我国企业的智能化转型将会更加便利。此外，针对人工智能，我国已经制定了一系列规划，以推动人工智能的全面发展。

总之，经过多年的积累，我国人工智能的发展具有了良好的基础，国际科技论文发表数量和发明专利数量均居世界领先地位，人工智能部分领域的核心

---

① 《我国人工智能论文发文量全球领先》，《人民日报》2019 年 5 月 26 日。

② 高奇琦：《人工智能、四次工业革命与国际政治经济格局》，《当代世界与社会主义》2019 年第 6 期。

③ 高奇琦：《人工智能、四次工业革命与国际政治经济格局》，《当代世界与社会主义》2019 年第 6 期。

技术实现突破，自然语言处理、语音识别、人脸识别、计算机视觉等领域的技术处于世界领先水平，自动驾驶、无人机、生物特征识别等领域进入实际应用。与此同时，成果与差距并存，机遇与挑战并存。

二、智能产业发展和市场应用

（一）风险投资

2021 年，全球人工智能投融资市场总体上呈现增长趋势。根据 IDC 的预测，到 2023 年，我国人工智能市场支出规模将达到 147.5 亿美元，约占全球总规模的十分之一。长远来看，人工智能技术的创新迭代驱动了应用场景的进一步落地，为我国人工智能市场规模的长期增长奠定了基础。预计到 2026 年，我国人工智能市场将有 264.4 亿美元的市场规模，2021 年～2026 年这 5 年间的复合年增长率将超过 20%。同时，我国人工智能产业规模也在持续扩大。在 2021 年，我国人工智能产业规模已经达到了 4041 亿元人民币，产业投融资金额为 201.2 亿美元，同比增长 40.4%。这个趋势反映出人工智能在我国市场的关注度持续提高，越来越多的资金正投入人工智能的研究和开发，为我国的人工智能产业发展提供了强有力的支持。

总的来说，我国的人工智能市场展现出了强劲的增长势头和广阔的发展前景。随着技术的进步和应用场景的拓展，我国人工智能市场的规模将会进一步扩大，成为全球人工智能发展的重要引擎。我国人工智能市场结构大体上可以分为 3 个层次。

基础层主要提供计算能力和数据资源，包括人工智能芯片、云计算和数据资源等基础设施，为人工智能技术的发展提供底层支撑。

技术层主要涉及人工智能相关技术的研发和应用，包括机器学习、深度学习、自然语言处理、计算机视觉等技术，这些技术为人工智能的应用提供了核心支持。

应用层主要将人工智能技术应用到各个领域中，包括智能客服、智能家居、智能医疗、自动驾驶等领域，实现智能化升级和改造。

在我国人工智能市场中，应用层的企业数量占主导地位，市场规模也最大。根据中商产业研究院的数据，2020年我国人工智能市场中，应用层的市场规模最大，占比55.7%；其次是技术层，占比32.1%；基础层的市场规模占比最小，为12.2%。

而在应用层中，各个领域的应用情况又有不同。根据中商产业研究院的数据，2020年我国人工智能市场中，智慧商业和零售领域的应用规模最大，占比25.2%；其次是智能机器人领域，占比17.4%。此外，智能硬件领域的应用规模占比15.4%，智能客服和智能制造领域的应用规模分别占比14.7%和13.1%，而智能医疗、智能家居和自动驾驶等领域的应用规模相对较小，分别占比8.3%、7.6%和3.9%。

从历年我国人工智能融资事件轮次分布来看，获得融资较多的是种子天使轮以及A轮这样的初创公司，这与我国人工智能行业发展较晚、技术受限等因素有关。不过随着我国经济的发展、科技的进步，人工智能行业在得到发展之后，早期投资的比重持续大幅下降，B轮、C轮等投资比重不断增大。

（二）市场规模

我国人工智能市场增长迅速，其中，计算机视觉市场规模最大。2017年，我国人工智能市场规模达到237.4亿元，相较于2016年增长67%。其中以生物识别、图像识别、视频识别等技术为核心的计算机视觉市场规模最大，占比34.9%，达到约82.8亿元（见图6-1）。

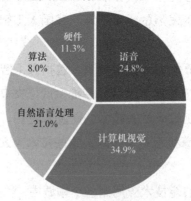

图6-1 我国人工智能市场结构

我国人工智能创业热潮与投融资热情在 2017 年回归理性，但随着人工智能各项技术的不断成熟以及各类应用场景的落地，2018 年，我国人工智能市场规模已达到 415.5 亿元。

近年来，我国人工智能市场的规模和增长速度一直处于全球领先的地位。根据中国新一代人工智能发展战略研究院的数据，截至 2021 年，我国有超过 1000 家人工智能企业，涉及基础层和技术层的企业数量占比超过 40%。其中，智能芯片、语音识别和自然语言处理、图形图像识别、机器学习和推荐、工业机器人等领域的公司数量分别占比 8.9%、8.6%、7.5%、5.7% 和 4.9%。

我国人工智能市场规模在不断扩大，且增长速度较快。而从基础层和技术层的公司数量占比来看，智能芯片、语音识别和自然语言处理、图形图像识别、机器学习和推荐、工业机器人等领域是人工智能市场的主要组成部分。

（三）产品应用

人工智能的应用范围广泛，语音类和视觉类产品最为成熟。伴随着算法、算力的不断演进和提升，有越来越多的基于语音、自然语言处理和计算机视觉技术的应用和产品落地，比较典型的包括语音交互类产品（如智能音箱、智能语音助理、智能车载系统等）、智能机器人、无人机、无人驾驶汽车等。在行业解决方案方面，人工智能的应用范围则更加广泛，目前已经在医疗健康、金融、教育、安防、商业、智能家居等多个垂直领域得到应用。

智能机器人的关键技术包括视觉、传感、人机交互和机电一体化等。从应用角度划分，智能机器人可以分为工业机器人和服务机器人。其中，工业机器人一般包括搬运机器人、码垛机器人、喷涂机器人和协作机器人等。服务机器人可以分为行业应用机器人和个人/家用机器人。其中，行业应用机器人包括智能客服、医疗机器人、物流机器人、引领和迎宾机器人等；个人/家用机器人包括个人虚拟助理、家庭作业机器人（如扫地机器人）、儿童教育机器人、老人看护机器人和情感陪伴机器人等。我国自 2013 年以来一直是全球最大的工业机器人市场。

无人机市场主要由个人消费级无人机和商用无人机构成。个人消费级无人机主要用于航拍、跟拍等娱乐场景，商用无人机的应用范围则非常广泛，可以用于农林植保、物流、安保、巡防等多个领域。比如，目前国内比较有影响力的无人机企业大疆创新，主要开发制造个人消费级无人机，在个人消费级无人机市场占有全球领先地位。除大疆创新外，国内还有一些发展较快、比较有影响力的无人机企业，如亿航智能、零零无限、零度智控和极飞科技等。

（四）行业应用

相较于终端产品，人工智能在相关行业的应用则更为丰富。

1. 智能医疗

随着人工智能技术的不断落地，已有不少应用人工智能提高医疗服务水平的成功案例。人工智能已深入医疗健康领域的方方面面，包括智能诊疗、医学影像分析、医学数据治理、健康管理、精准医疗、新药研发等。

在新冠疫情防控的工作中，人工智能技术在问诊导诊、病毒检测、辅助诊断、基因分析及数据预测方面也发挥了重要作用，并涌现出一批优秀应用案例。

针对广大人民群众的需求，各科技公司纷纷推出线上咨询及问诊服务，通过智能语音客服、远程线上预诊等方式实现了对患者的初筛，提供高效的多人体温检测及人体识别系统。该系统通过人工智能技术，在各类公共场所高密度人员流动场景下快速定位体温异常者，实现非接触密集型人流人工智能辅助温感解决方案，同时能够将体温检测结果与人员身份进行有效绑定。

针对医患群体的需求，各科技公司在病毒检测、辅助诊疗、药物研发等领域提供了高效工具。借助计算机视觉技术的医疗影像辅助诊断系统，能够对肺部 CT 图像进行更快速的判断；人工智能工具赋能基因分析可将原来耗时数小时的疑似病例基因分析缩短至半小时，大幅缩短诊断时间，并精准检测出病毒变异情况；人工智能模型的数据预测能力也得到充分发挥，例如，对于新型冠状病毒 RNA 二级结构的预测时间从 55 分缩短至 27 秒；医疗导诊、智能递送、测温等机器人在某些疫情定点医院展开服务，降低了接触传染概率。

2. 智能金融

智能金融是人工智能技术与金融体系的全面融合。人工智能在金融领域的应用主要包括智能投顾和金融欺诈检测等。

智能投顾，即智能投资顾问，是金融科技中非常常见的一类应用场景。智能投顾通过机器学习算法，根据客户设定的收益目标、年龄、收入、当前资产及风险承受能力等自动调整金融投资组合，以实现客户的收益目标。不仅如此，算法还能根据客户收益目标的变动和市场行情的变化实时自动调整投资策略，始终围绕客户的收益目标为客户提供最佳投资组合。

以往金融欺诈检测系统非常依赖复杂和"呆板"的规则，由于缺乏有效的科技手段，已无法应对日益演进的欺诈模式和欺诈技术。伪造、冒充身份等欺诈事件常有发生，给金融企业和用户造成很大的经济损失，而金融科技公司应用人工智能技术构建自动、智能的反欺诈系统，可以帮助企业的风控系统构建用户行为追踪与分析能力，建立异常特征的自动识别能力，逐步达到自主、实时发现新欺诈模式的目标。

3. 智能安防

安防领域是人工智能落地较好的应用领域。安防以图像、视频数据为核心，海量的数据满足了算法和模型训练的需求，同时人工智能技术也为安防领域事前预警、事中响应和事后处理提供了技术保障。

目前，人工智能在安防领域的应用主要包括警用和民用两个方面。在警用方面，人工智能在公安领域的应用最具有代表性。利用人工智能技术实时分析图像和视频内容，可以识别人员信息、车辆信息、追踪犯罪嫌疑人，也可以通过视频检索从海量图片和视频库中对犯罪嫌疑人进行检索比对，为各类案件侦查节省宝贵时间。在民用方面，利用人工智能技术可以实现智能楼宇和工业园区的智能监控。智能楼宇包括门禁管理、通过摄像头实现"人脸打卡"、人员进出管理、发现盗窃和违规探访的行为等。在工业园区，固定摄像头和巡防机器人配合，可实现对园区内各个场所的实时监控，并对潜在危险进行预警。除此之外，人工智能技术还有一个非常重要的应用场景，就是家用安防。当检测到家中没有人员时，家庭安防摄像机可自动进入布防模式，有异常时，给予闯入人员声音警告，并远程通知家庭成员。而当家庭成员回家后，又能自动撤防，保护用户隐私。

安防领域是人工智能成功落地的一个应用领域，国内已有很多安防企业从技术、产品等不同角度应用人工智能，比如大华、海康威视、东方网力等传统企业在不断加强安防产品的智能化。另外，像商汤科技、旷视科技、云从科技和依图科技等以算法见长的企业正将技术重点聚焦于人脸识别、行为分析等领域。

4. 智能家居

智能家居基于物联网技术，以住宅为平台，由硬件、软件、云平台构成家居生态圈。智能家居可以实现远程设备控制、人机交互、设备互联互通、用户行为分析和用户画像等，为用户提供个性化生活服务，使家居生活更便捷、舒适和安全。

借助语音和自然语言处理技术，用户通过说话即可实现对智能家居产品的控制,如语音控制开关窗帘（窗户)、照明系统、调节音量、切换电视节目等操作；借助机器学习和深度学习技术，智能电视、智能音箱等可以根据用户订阅或者收看的历史数据对用户进行画像，并向用户推荐其可能感兴趣的内容。在家居安防方面，可以利用人脸识别、指纹识别等生物识别技术对智能家居产品进行解锁，通过智能摄像头实时监控住宅，对非法入侵者进行监测等。

在国内，小米打造的智能家居生态链在经历了几年的积累后，已经形成了一套自研、自产、自销的完整体系。另外，以美的、海尔、格力为代表的传统家电企业依托本身庞大的产品线及极高的市场占有率，也在积极向智能家居企业转型，推进自己的智能家居战略。

5. 智能电网

电网规模日趋庞大，未来人工智能将成为智能电网的核心部分。

在需求方面，人工智能技术能持续监控家庭和企业的智能电表和传感器的供需情况，实时调整电网的电力流量，实现电网的可靠、安全、经济、高效。

在供应方面，人工智能技术能协助电网运营商或者政府改变能源组合，调整化石能源使用量，增加可再生能源的产量，并且将可再生能源的自然间歇性破坏降到最低。生产者将能够对多个来源产生的能源输出进行管理，以便实时匹配社会、空间和时间的需求变化。

在线路巡视巡检方面，借助智能巡检机器人和无人机可以实现规模化、智能化作业，提高效率和安全性。智能巡检机器人搭载多种检测仪，能够近距离观察设备，巡检准确性高。在数据诊断方面，相比人眼和各类手持仪器，机器人巡检也更精确，而且是全天候、全自主的，大大提高了设备缺陷和故障查找的准确性和及时性。同时，可以对机器人巡检的每个点位的历史数据进行趋势分析，提前发现设备潜在的劣化信息，为制定精准检修策略提供科学依据。无人机搭载高清摄像仪，具有高精度定位和自动检测识别功能，可以飞到几十米高的输电铁塔顶端，利用高清变焦相机对输电设备进行拍照，即便是非常细小的零件出现松脱现象，也可通过镜头得到清晰、精准的呈现。

三、5G 助推人工智能

5G 是人工智能发展的重要基础支撑，能够推进人工智能技术与应用快速发展，可以说"有了更好的 5G，才会带来更好的人工智能"。

（一）5G 推进人工智能技术进步

人工智能技术进步的核心在于数据支持，各种类型的海量数据可以为深度学习等人工智能算法提供坚实的素材基础。5G 将人与人的通信连接拓展到万物互联，其超高速率和超大连接能力能够创造出史无前例的海量数据，为人工智能从海量数据中学习模式和规则、预测趋势、执行策略等打下良好的基础，有效促进人工智能技术快速发展。

（二）5G 推进人工智能应用普及

5G 的一大功能是边缘计算，可以把计算和存储的能力往前推到接入网。5G 出现之前，人工智能对数据的处理主要在云端进行，在终端则会受到很大制约。5G 时代，通过边缘计算可实现人工智能在终端侧的应用，实现云端和终端之间良好的衔接、配合、互补，解决很多之前解决不了的问题，在车联网、工业互联网、机器人、无人机、智慧城市、医疗等领域带来更多智能化的应用，使人工智能应用更加丰富，实现万物智联。

随着人工智能技术的进一步成熟，未来企业商业应用能力将成为资本的重要考核因素。2019 年是 5G 商用落地元年，随着 5G 商用的逐渐扩大，人工智能技术的应用范围将进一步扩大，效率也将进一步提升，深度学习、数据挖掘、自动程序设计等也将在更多应用领域得到实现，5G 将进一步助推行业加速发展。

在新一轮的 5G 应用落地上，我国的优势已经得到了体现。在 5G 的铺设和话语权的争夺上，华为、中兴和中国移动等公司做出了巨大的努力。这些事件也从侧面反映出我国企业在 5G 领域的影响力。华为不仅在通信基础设施上具有优势，在智能手机等领域上也在逐步发展，涉猎基带芯片、手机高端机的生产等各个方面。华为旗下的海思半导体有限公司也成为我国最具竞争力的半导体公司之一。另外，在人工智能芯片领域，寒武纪、地平线等企业也都有非常出色的表现。

四、 国产商用密码技术是人工智能的根基

科技创新能力是一个国家持续发展的根基，是驱动一个民族兴旺发达的不竭动力。产业发展是实现科技创新成果转化应用的必由途径。商用密码科技创新和产业发展是实施密码强国建设的两个基本面。科技创新是商用密码长远发展的动力源泉，坚持科技创新，才能激发市场活力、增强内生动力、释放供给潜力，商用密码发展才能提质增效，焕发强大生命力；产业发展是商用密码服务国家战略的内在要求，是商用密码自主创新发展的必由之路，推进产业发展，才能更好地适应发展要求、切实满足应用需要、全面提升服务能力，真正体现商用密码的特殊作用。

密码是保障网络安全的核心技术和高端技术，是服务国家重大战略的重要支撑，因此，密码的自主创新就显得尤为重要。保障网络安全，密码不是万能的，但离开密码是万万不能的。密码是网络安全技术中"卡脖子""牵鼻子"的关键核心技术，只有始终坚持商用密码科技创新发展，将创新作为引领发展的第一动力，才能让我国密码技术保持在国际先进行列。必须始终坚持商用密码产业创新发展，培育产业新动能，充分发挥密码技术对国家网络空间安全的支撑保障作用。

密码技术作为典型的基础性智能力量防护，已成为各国网络空间对抗博弈的新焦点。密码科技实力是密码攻防能力的基石，是网络强国的竞争焦点。世界密码强国纷纷在同态加密、量子密码、抗量子分析密码等前沿方向加大投入，加强技术前瞻性布局，力求率先取得突破，抢占新一轮国际竞争制高点。

（一）技术标准完善

截至 2021 年，我国已发布商用密码行业标准 116 项，基本涵盖了基础和急需的标准，覆盖了密码算法、产品、技术、检测、应用指南等方面，标准体系、标准结构不断完善，标准影响力不断增强，在推动金融和重要领域密码应用、规范商用密码管理等方面发挥了重要作用。我国自主设计的椭圆曲线公钥密码算法 SM2、密码杂凑算法 SM3、分组密码算法 SM4、祖冲之序列密码算法、标识密码算法 SM9 等已成为国家标准和国际标准。

（二）产品体系健全

截至 2019 年 12 月，我国商用密码单位已 1000 多家。一批具有国际影响力的旗舰企业踊跃进入商用密码产业领域，形成了分布合理、竞争有序、创新力强的商用密码产业队伍。商用密码产品种类不断丰富。截至 2019 年 12 月，通过国家密码管理局审批的商用密码通用产品有 2000 余款。2019 年全年共销售商用密码产品 19 亿台 / 套。从产品形态上，覆盖密码芯片、密码板卡、密码整机、密码系统等全产业链；从功能性能上，一批关键、基础、高性能商用密码产品推向市场，基本形成层次分明、功能完善、性能优异的产品体系。[1]

商用密码产品按功能划分为 7 类，分别为密码算法类、数据加解密类、认证鉴别类、证书管理类、密钥管理类、密码防伪类和综合类，如图 6-2 所示。

按形态分类，商用密码产品可分为 6 类，分别为软件、芯片、模块、板卡、整机、系统，如图 6-3 所示。

---

[1]《密码政策问答（六十一）》，国家密码管理局。

分类	描述
密码算法类	密码算法实现、密码算法芯片
数据加解密类	密码机、加密卡、USB Key
认证鉴别类	动态口令系统、身份认证系统
证书管理类	数字证书认证系统、证书管理系统
密钥管理类	密钥管理系统
密码防伪类	电子印章系统、支付密码器、数字水印
综合类	电子商务安全平台、综合安全保密系统

图 6-2　商用密码产品按功能分类

分类	描述
软件	信息保密软件、密码算法软件
芯片	算法芯片、密码 SoC（System on Chip，单片系统）芯片
模块	加解密模块、安全控制模块
板卡	IC 卡、USB Key、PCI-e 密码卡
整机	密码机、VPN（Virtual Private Network，虚拟专用网络）、签名验签服务器
系统	安全认证系统、密钥管理系统

图 6-3　商用密码产品按形态分类

（三）技术填补空白

近年来，商用密码科技创新成果丰硕，网络安全基础支撑能力大幅提升，技术实力不断提升。在国家密码发展基金等资助的国家级科技项目引导和支持下，商用密码基础理论研究取得了一系列原创性科研成果。在序列密码设计、分组密码算法设计与分析、密码杂凑算法分析、密码协议基础理论与分析、量子密钥分配等密码基础理论研究方面取得了许多原创性高水平成果，标志着我国密码学术研究在某些细分方向上已跻身于世界领先行列。特别是中国科学院院士、密码学家王小云提出的密码哈希函数碰撞攻击理论，破解了包括 MD5、SHA-1 在内的 5 个国际通用哈希函数算法，引起国际密码界震动。密码芯片设计、侧信道分析等一批密码关键核心技术取得重要突破。商用密码对信息安全的支撑能力显著增强。

（四）应用领域进一步拓宽

网络信息时代，新技术、新业态不断涌现，科技创新、服务创新、应用创新、模式创新成为常态。密码应用场景也越来越多。在密码应用方面，国家专门成立协调推进机构，商用密码已经在金融、教育、社保、交通、通信、能源、公共安全、国防工业等重要领域得到广泛应用。

五、我国在人工智能发展上存在的短板

我国在人工智能发展上存在的短板如下。

基础研究和创新能力不足。从学术研究的角度来看，虽然我国的人工智能论文数量位于世界前列，但其引用率和影响因子与国际领先水平还存在差距。

人才短缺。尽管我国在人工智能领域的人才投入总量在全球是领先的，但人工智能杰出人才的占比却相对较低。这表明我国在人工智能领域的人才结构还需要进一步优化。

应用场景和数据不足。虽然我国在人工智能应用场景和数据规模方面具有优势，但相对于一些发达国家，我国在高端、复杂的应用场景和数据方面仍有不足。这使得我国的人工智能技术在一些高精尖领域还需要进一步提升。

伦理和社会责任问题重视不够。人工智能的发展带来了一系列伦理和社会责任问题，关乎数据隐私、算法公平性、人类价值观等。在这方面，我国的相关政策和规范还不够完善，对这些问题重视不够，这可能会对人工智能的发展和应用产生一定的制约。

技术依赖和安全问题。随着人工智能的广泛应用，网络安全和数据安全问题也逐渐凸显。依赖国外的人工智能技术和软硬件系统可能会带来一些安全隐患，因此需要加强自主研发和技术创新，保障我国的技术安全和数据安全。

在新一轮科技革命中，人工智能既是一种战略性技术，也是引领其他技术突破的关键性技术。人工智能的发展正在对经济发展和国际政治经济格局等产生极为深刻的影响。

美国政府近年来对我国在人工智能、半导体、云计算等领域实施了一系列限制措施，给我国企业和全球市场带来了相当大的冲击，也对我国企业的技术积累和市场拓展构成了巨大的挑战。尽管这些限制措施对我国会造成一些麻烦，但不会对我国科技发展造成本质影响。我国在人工智能、量子计算和半导体等领域已经取得了重大突破，并具备自主研发相关技术的能力。此外，这些限制措施也会促使我国进一步提升自主创新能力，推动科技自立自强。

7 第七章 "互联网 +"时代下的安全智能力量

随着信息技术的普及，计算机网络已经分布在社会生活的各个角落，成为人类活动的"第五空间"。信息技术广泛应用和网络空间兴起发展，极大促进了经济社会繁荣进步，同时也带来了新的安全风险和挑战。在互联网、物联网、工控系统等领域存在大量的新型攻击手段和未知的安全威胁。随着大数据、人工智能技术在网安行业的应用，具备智能学习能力的新型网络安全技术和产品不断涌现，形成应对"互联网 +"时代新挑战的安全智能力量。

一、智能云检测、云防护技术和产品相继落地

2018 年 7 月工业和信息化部（以下简称工信部）印发的《推动企业上云实施指南（2018—2020 年）》中提出，到 2020 年，全国新增上云企业 100 万家，形成典型标杆应用案例 100 个以上，形成一批有影响力、带动力的云平台和企业上云体验中心。"上云"已经成为企业信息化规划和建设的风向标。云平台提供的数据集中和强大的计算能力以及新型的网络安全需求，为人工智能提供了天然的试验田和攻防新战场，国内各安全厂商逐步开展深度学习、用户和实体行为分析（User and Entity Behavior Analytics，UEBA）、模糊信息识别、人工神经网络等人工智能技术在软件即服务（Software as a Service，SaaS）云安

全方面的应用。

（一）智能云监测带来主动监测的转型

云平台是网络攻击的重灾区，云平台面临的安全威胁主要有 DDoS 攻击、网页篡改、挂马和 Web Shell 等。要建立云平台安全风险的主动监测体系，包括对上云业务系统的漏洞监测、暗链监测、篡改监测、挂马和后门监测、可用性监测等内容，全方位监测、发现网站的安全风险、安全事件，保证监测数据的准确性和有效性，建立有效的监测预警机制，推动智能型主动监测转型升级。

通过大数据扫描平台和分布式计算网络，可以结合云平台信息系统基础数据，周期性地快速实现云平台大批量云租户业务系统、网络主机的安全风险扫描任务，及时、快速地发现与定位网络安全漏洞问题的存在与网络安全事件的发生，并提供包括问题验证、事件调查、问题和事件通报、事件处置的全流程服务。例如，腾讯利用人工智能技术实现了网络谣言治理、互联网恶意程序检测等；安恒信息建立互联网云安全检测中心，借助人工智能技术分析、跟踪并智能判定用户异常行为，实现对隐蔽威胁、未知攻击和零日漏洞攻击等网络攻击的检测与预警，对全网安全态势进行分析。建立并完善信息系统指纹信息后，将其作为零日漏洞预警的基础信息，当出现零日漏洞时，专家团队会对零日漏洞进行分析，判断其影响范围，通过云端大数据快速定位可能受影响的网站和系统，再根据精准的概念验证（Proof of Concept，PoC）策略检测，对用户进行精准定位并判断其是否受零日漏洞影响，然后由大数据预警引擎对受影响的用户进行定向通报，以督促受影响的用户进行主动防御。这样可摆脱以往"广播式"预警容易被忽略的困境，实现可落地的预警与风险整改督促，最后形成行业零日漏洞预警分析材料。

（二）智能云安全能力为政务云赋予安全力量

信息系统业务场景复杂多变，安全方面的挑战更加严峻，传统的安全问题仍然存在，而出现的新型安全问题也变得日益突出，如云安全边界的划分和防护、云安全防护系统的选择和部署、云安全云检测、云安全防御、云安全审计等。同时，云计算环境下的资源按需分配、弹性扩容、资源集中化等技术形态也给云安全技术带来挑战和技术革新。例如，金华市政务云智能安全体系通过构建统一的安全交付体系和管理平台，实现云上资产的梳理、防护、监测以及云上安全产品集中运营，实现对云平台与云租户统一、有机、协调的管理，从而形成安全保障、管理、策略下发、安全检查、跟踪监督的"一站式"云安全运营中心。

（三）智慧校园的安全智能力量

随着云计算和大数据技术的飞速发展，教育信息化工作也得到了飞速发展。但随着信息化的深入，由应用产生的漏洞不断增多，引发的各类暗链、挂马等不安全事件不断发生。由黑客发起的 DDoS 攻击而引发的网站服务中断、服务响应延迟等问题，以及产生的域名劫持、钓鱼网站等假冒站点，对 Web 系统业务与建设单位产生了恶劣影响。

通过智慧校园云平台的建设，采用集群方案，调度各类资源，保证整体系统的可用性、安全性，进而为整个教育区域提供安全能力。

1. 资产测绘技术辅助区域"摸清家底"

智慧校园云平台可以依据"摸底数、排隐患、抓整改"工作原则，从摸清辖区网络资产底数进行管理建档，到全面排查资产安全隐患与发生的安全问题，最终落地到通报整改跟踪流程，紧抓整改，落实考核，提升管理成效。

2. 智能联动打通安全运维全流程

通过采用安恒玄武盾云防护集成 Web 安全防护模块、CC 防护模块、DDoS 高防模块、安全运维管理模块，智慧校园云平台可以为客户提供 L2 ~ L7 的一站式 SaaS 云安全解决方案。用户无须部署任何安全设备，只需将 DNS 映射至玄武盾 CNAME 别名地址，即可为玄武盾 DNS 服务器开启防护，清洗黑客发起的 SYN flood、UDP flood、TCP flood、CC 等类型 DDoS 攻击，防范 SQL 注入、XSS、Web Shell 上传、Web 组件漏洞等安全风险；事后采用大数据分析形成可视化报告和统计分析报表，并通过手机 App 云管理服务提供数据分析和查看功能。

（四）智能安全产品助力关键行业信息体系安全

在国家开放创新生态政策下，网信产业充分利用智能文本分析技术、大数据智能学习技术、人工智能硬件技术等，进一步丰富了产品线，为一些关系国家安全的关键行业信息系统建设过程的信息安全提供了全面支撑。

1. 电子文档全生命周期的智能管控

网信产业一些典型企业以数据为核心，以防泄露、防窃取、可追溯为目标，研发了集智能标定、信息标注、信息隐写、文件溯源、文档管理、加密存储等技术为一体的电子文档解决方案，以保护用户的核心数据安全。

电子文档全生命周期智能管控系统采用内核层的透明加解密技术和电子文档监控手段，为客户单位电子文档提供全方位的安全保护，涵盖电子文档全生命周期的 6 个阶段（包括创建、存储、访问、传输、使用和销毁），通过主动加密、设置权限等控制手段和被动的后期文档备份、日志审计手段相结合，消除每个阶段存在的安全隐患，提高对电子文档的防护水平，避免电子文档泄露导致的各类损失。

其中，智能辅助管理系统利用了机器学习、智能语义分析、知识库管理等技术，可依据行业标准，对文档中包含的特定信息进行快速查找、匹配，自动标定文档，大大提高了工作效率，满足了相关工作的规范化、标准化和精准化需求。

2. 保密监管业务的智能分析应用

当前，网络窃密、泄密形势依然严峻、复杂，为拓展网络空间和保密业务监管覆盖范围，完善协同工作机制，着力提升安全保密态势感知、监测预警和应急响应能力，充分发挥网络保密监管工作在发现泄密案件线索和安全保密隐患、促进网络安全保密防护方面的重要作用，鼎普科技提出"基于智能大数据中心的多维度一体化保密监管平台"的建设思路，以实现统一指挥、统一监管、统一运维、统一防护。

该平台以大数据技术为支撑，以信息化、自主化、智能化应用为基础，综合互联网业务、内网监管业务等融合应用，形成高度集成的大数据一体化系统，利用大数据的智能分析技术，对安全风险做出深度分析，找出安全保密管理的薄弱点、风险点，为补齐安全保密管理的短板提供决策支持；基于风险事件数据库，对归集的各类风险事件通过机器学习智能化判断数据异常，不断完善预警规则，智能化匹配和发现各类保密风险，进行评估和预警，通过预警信息避免后续可能产生的严重损失。同时，该平台对大数据中心的数据进行深度关联分析，对泄密事件的泄密途径、文件流转途径、人员履历画像、网络安全风险等进行智能可视化展示，方便相关人员直观地了解事件的起因、经过、处理过程等，提升案件的查处速度。

通过基于智能大数据中心的多维度一体化保密监管平台以及自主可控的生态环境，最终提供安全保密威胁情报与态势感知能力，推进"智慧保密"的工作进展。

3. 保密教育实训的智能技术支撑

保密教育实训平台是落实全国保密工作规划的一项重要内容，是加强和改进新形势下保密工作的重要举措，而新时代背景下的保密人才培养具备普及化、专业化、实战化、系统化发展趋势。可以以虚拟化智能仿真实训平台为技术支撑，采取理论与实践结合、业务与技能结合的教学模式，面向各类保密人员，提供前瞻性、引领性、体系化的新时代保密教育实训产品与服务，实现领导干部和涉密人员保密教育实训的全覆盖，强化观念、增强意识、完善技能，为保密教育实训工作提供强有力的支撑，为保密行政管理工作水平及整体保密工作水平的不断提升提供强有力的业务支持。

以鼎普科技为代表的网络安全企业运用智能技术研发保密教育实训平台，覆盖人工智能、计算机、网络、智能手机、声光电磁等技术，通过在仿真、环绕式三维环境中对涉密场景还原来达到三维立体的视觉效果，将室内环境的三维空间定位与讲解员的位置、动作做关联性视觉变化，以不易察觉的方式隐藏"窃密设备"作为展示，让参观人员更加直观且多细节地了解涉密场景和窃密设备的关系及防范措施，以感性认知激发兴趣，触发对互联网、人工智能、现代化通信设备等给保密工作带来的威胁的理性思考，提高保密意识。

二、平台化成为网络安全建设新方向，智能调度增强企业安全作战效能

信息安全系统和设备的"烟囱"现象由来已久，451 Alliance 的一项针对北美洲 150 家大型企业高级安全管理人员的调查显示，信息安全系统的整合已成为安全运营中的最大痛点。国内各大安全厂商借助大数据和人工智能技术，不断推动网络安全平台化，逐步推进网络安全能力集中管理、智能调度。一是加强信息化建设的顶层设计，规划各类信息系统建设，砍掉或减少不必要的"烟囱"产品的投入，合并同类项，控制信息系统总体数量。二是建设安全能力平台，加强标准化建设，统一数据共享端口，确保对内共建共享、对外互联互通。三是借助安全编排自动化与响应（Security Orchestration, Automation and Response；SOAR）技术，基于 IPDRR（识别、保护、检测、响应、恢复的英文缩写）安全理念，利用"网安智能大脑"统一协调和分配各类网络安全能力，协同作战，以增强企业安全作战效能。

（一）安全能力 API 化是带来安全智能力量的基础

随着信息化的深入，传统的网络安全能力建设已逐渐达到瓶颈，"烟囱"式发展为企业的安全运营、安全建设的统一规划带来了极大的困扰。随着企业大数据平台、云平台的建设，物理安全设备已不能监控和处理虚拟化数据流，难以对其进行有效防护。传统的网络安全能力建设方案不能提供按需、弹性的网络安全功能，无法适应云计算环境灵活的业务发展需求。

企业的网络安全体系建设必须与企业的总体战略保持一致。下一代企业网络安全体系的设计思路必须综合考虑企业防护对象框架，通过对企业组织体系、管理体系、技术体系的建设，考虑企业网络规划，逐步提升企业风险识别能力、安全防御能力、安全检测能力、安全响应能力与安全恢复能力，最终实现风险可见化、防御主动化、运行自动化的安全目标，保障整体业务和数据的安全。

随着企业网络安全能力建设要求的不断提高，IPDRR 能力框架模型被提出，实现了"事前、事中、事后"的全过程覆盖，从以防护能力为核心转向以检测能力为核心，以支撑识别、保护、检测、响应等，变被动为主动，直至形成自

适应的安全能力。

IPDRR 能力框架模型主要通过安全资源池化和安全能力 API 化来实现，基础安全资源按照 IPDRR 的框架构建安全能力，并通过实现 API 化的方式，对外提供安全能力，让网络安全能力以按需调度的方式为用户提供服务。

（二）网络安全能力编排是智能响应的基石

2015 年，Gartner 公司首次提出 SOAR 概念，将其定义为一种利用机器读取的、有状态的安全数据提供报告、分析和管理的能力资源。随着 SOAR 市场的逐步成熟，2017 年 Gartner 对 SOAR 进行了全新的概念升级，将其定义为安全编排和自动化响应，并看作安全编排和自动化（Security Orchestration and Automation，SOA）、安全事件响应平台（Security Incident Response Platform，SIRP）和威胁情报平台（Threat Intelligence Platform，TIP）这 3 种技术的融合。随着 SOAR 技术内生性功能的不断发展，供应商也利用其平台不断增加 SOAR 的新功能，使 SOAR 涉及更多新领域。

1. 安全能力编排

面对愈发复杂的网络攻击，使用 SOAR 技术能够通过合理的编排有效降低不同技术间转换所耗费的人力成本、时间成本。更为重要的是，SOAR 能够将人和技术都编入业务流程中，创建手动和自动协同操作的工作流步骤。SOAR 的编排体现了一种协调和决策能力，通过编排对各种复杂性资源进行组合，涉及多个组件。仅以技术为中心的安全保障已不能满足现状，对人员和流程进行编排才能保证安全流程真正高效运行。SOAR 的目标就是实现技术、流程、人员的无缝编排。

2. 自动化

尽管自动化和编排不是同一个概念，但二者经常互换使用。实际上，自动化是编排的一个子集。它允许剧本（常称为 playbook）在安全流程的部分或全部内容上执行多个任务,将线性剧本串联起来。线性剧本虽然可能更容易创建，但只适用于处理决策需求较少的工作流。编排和自动化相对线性剧本的最大优势就是其灵活性。为支持全自动化和半自动化的决策，需要更加灵活的工作流和执行剧本。SOAR 能够识别这些决策模式，并基于以往事件中的执行操作，自动推荐新事件的剧本、执行剧本操作流程。

事件响应是 SOC 操作中非常复杂的部分，理想状态下，它是一个有效的动态过程，涉及数十种相互关联的技术、业务流程和整个组织的人员。在将持续适应风险和信任评估（Continuous Adaptive Risk and Trust Assessment, CARTA）策略用于持续监测和可视化方面时，SOC 团队可使用 SOAR 技术进行连续活动，通过智能化编排与响应最大限度地对已有的安全技术进行整合，提高整个安全事件的解决能力和解决效率。基于编排和自动化前期对事件的分析，SOAR 所提供的自动化响应技术是贯穿整个事件生命周期、提高解决安全威胁效率的关键一环。本质上，SOAR 的最终目标是促进安全团队对事件有全面的、端到端的理解，以做出更好、更明智的响应。

3. SOAR驱动安全能力中台，构建智能运营试验场

历经数十年信息化建设，多数企业业务已重度依赖网络。如何体系化维护企业网络安全，如何保障业务稳健运行，如何落地网络安全建设，成为多数企业需要解决的难题。

历经数十年企业网络安全建设，绝大部分企业已完成边界防护产品的建设，大部分企业和单位经历了从局部网络安全建设到体系化网络安全建设的转变。目前，安全管理和防控仍是一项艰巨且重要的工作，需要不断改进。

企业用户应将重心转变为关注整体网络安全，强调从业务信息系统安全风险分析的角度，贯彻企业网络安全集中建设目标，逐步推进企业网络"安全运营、安全合规、安全态势（监测）、数据安全、安全审计"五大关键安全能力的集中化建设，通过内化"安全策略统一、安全合规集中、安全威胁处置、安全审计标准化"的运营能力，推进全网统一的企业网络安全体系架构，如图 7-1 所示。

企业构建的智能安全运营中心应当具有包含数据中台和安全能力中台的能力，如图 7-2 所示。通过对用户网络内泛安全数据的采集和标准化处理，构建用户安全大数据中心；加入自适应安全特性，构建"威胁发现—智能研判—响应处置 SOAR—动态优化"的智能安全运营中心；结合企业实际环境和需求，实现等保信息管理、数据安全治理、安全监管协作、内网安全防护、护网演练、

重大活动保障、态势感知等安全应用场景。

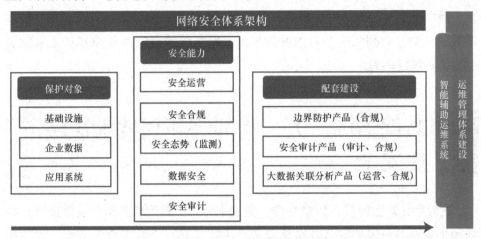

图7-1 企业网络安全体系架构

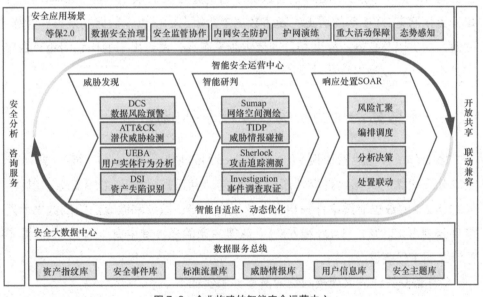

图7-2 企业构建的智能安全运营中心

安全运营中心的概念和应用已经有很多年了，但面对当前安全威胁情报数量多、人工操作应对难、安全技术整合度低、政策法规要求高的现状，SOAR的出现无疑使这些问题得到了极大的缓解。SOAR能够收集不同来源的安全威胁数据和报警，通过人机结合对安全事件进行分析和分类，运用标准流程辅助定义、编排和驱动标准化事件响应能力，大大提升整个安全事件应对周期的效率。其定制化、灵活化、联动化的特性使其成为备受安全团队青睐的安全工具。

网络安全产业是朝阳产业之一，安全运维技术也必定随着网络安全产业的发展而不断创新发展。SOAR 就是新一轮安全威胁情报、大数据、机器学习等技术发展的产物，将网络安全与这些新技术、新概念结合使用是 SOAR 未来发展的有力持续性动力。

三、数据治理、人工智能等新兴技术让城市更安全

在数字化转型时代，数据平台、数据中台、数据治理等概念逐渐提出，数据和企业业务价值的结合越来越紧密。1981 年第一个数据仓库诞生，到现在已经有 40 多年的历史；国内企业数据平台的建设大概从 20 世纪 90 年代末开始，至今已有 20 多年的历史。随着数据中台概念的提出，数据的采集、计算、存储、加工以及数据的标准和口径要求越来越高，暴露出来的核心问题有数据本身不统一、数据内容准确度不高等。

（一）数据治理为数据安全赋予新能量

2018 年《数据泄露快报》(Data Breach QuickView Report) 显示，2018 年全球公开披露的数据泄露事件超过 6500 起，共泄露信息超过 50 亿条。其中，大约有 2/3 的数据泄露事件来自企业，来自政府、医疗和教育部门的数据泄露事件分别占 13.9%、13.4% 和 6.5%。值得注意的是，其中有 12 起数据泄露事件涉及超 1 亿条信息。

全球备受关注的大规模数据泄露事件举例如下。

1. 印度公民身份数据库Aadhaar数据泄露

2018 年 1 月，印度公民身份数据库 Aadhaar 被曝遭网络攻击，该数据库除了姓名、电话号码、电子邮箱地址、照片等数据之外，还包括指纹、虹膜记录等极度敏感的个人信息。

2. Facebook数据泄露

2018 年 3 月，媒体称一家数据分析公司 Cambridge Analytica 获得了 Facebook 数千万用户的数据，并进行违规使用。随后 Facebook 宣布有 8700 万用户受到影响。2019 年 4 月初，Facebook 再度被曝有 5.4 亿条用户数据在亚马逊云服务器上遭第三方公司泄露。

3. 华住、万豪酒店数据泄露

2018 年 8 月，有帖子声称售卖华住集团旗下所有酒店数据，包括华住官网注册资料、酒店入住登记身份信息、开房记录等。该数据泄露涵盖汉庭、禧玥、全季、星程等 14 个酒店品牌，泄露数据涉及 1.3 亿人。

2018 年 11 月底，万豪国际集团宣布旗下喜达屋酒店的顾客预订数据库被黑客入侵，可能有多达 5 亿人次预订酒店的详细信息被泄露。该消息公布后，万豪国际集团股价一度下跌逾 5%。同时，相关人士对万豪国际集团发起集体诉讼，索赔 125 亿美元。

4. 深网视界数据泄露

2019 年 2 月，国内人脸识别公司深网视界被曝发生数据泄露，致使 250 万人的个人信息能够不受限制地被访问，引发业内广泛关注。

5. 雅虎数据泄露

2019 年 4 月 10 日，由于遭遇大规模数据泄露事件，雅虎接受了一项修改后涉 1.175 亿赔偿美元的和解协议，与本案的数百万受害者达成和解。这起案件在 2013 年～ 2016 年导致大约 30 亿个账号受到影响，而雅虎则被控在披露此事的过程中反应过慢。

随着数据泄露、数据滥用事件的不断爆发，用户对个人信息保护的意识正不断增强。其中，当涉及个人信息泄露时，用户最关心的是财务、安全和身份数据。有一部分用户在网上注册产品和服务时，出于安全或避免营销等考虑会故意伪造个人信息和数据。同时，大部分用户正减少他们在网上或与公司分享的个人信息的数量，用户也大多不会将其个人数据交给未经其同意而销售或滥用数据的公司。

此外，随着用户数据被更加广泛地使用和分析，用户对个性化服务的态度也在快速发生变化，由之前的接受变为越来越排斥。同时，认为"拥有更多用户数据的公司能够提供更好、更个性化的产品和服务"的用户也越来越少。

由此可见，接连不断的数据泄露及不道德的数据滥用事件使得消费者对数据共享持越来越保守态度，同时，数据和隐私保护能力正逐渐成为消费者权衡是否购买企业产品和服务的重要因素之一。

金融行业较早意识到数据治理的重要性。由于对数据的强依赖，金融行业一直非常重视数据平台的建设。经过几代数据平台的验证，该行业发现数据治理是平台建设的主要限制因素，而且随着投资和建设的投入增加，对数据治理的重要性的认识也越来越深刻。

"数字化时代"带来的挑战不仅是数据量的爆发式增长，更重要的是如何管理好、治理好、利用好这些数据。大数据能否创造真实的商业价值和回报是真正需要关心的核心问题。行业和企业数据中台的建设对数据的质量、安全以及可靠性提出了更高的要求，这将推动数据治理的实施和落地。

（二）人工智能与 UEBA 技术结合是行为分析的新方向

在席卷全球的数字化浪潮之下，企业数字化转型在促进业务飞速发展的同时，也给网络安全带来了重大挑战。传统安全产品及其解决方案大多基于单点信息采集，运用特征规则进行非黑即白的检测和防护，产生了大量难以研判的告警数据。传统安全防护技术对未知攻击无有效对抗手段。例如，在攻击者越来越多使用 LotL（代表 Living off the Land，指攻击者使用系统中已存在的合法功能或应用来实现攻击目的）攻击策略的情况下，攻击行为与正常操作的特征差异越来越小，传统安全防护技术在检测率和误报率间无法做到有效平衡，产生大量告警的同时也会触发大量误报噪声。随着数据量和告警量的增加、受攻击面和威胁类型的快速增长，安全运营团队终将不堪重负。在这种情况下，安全行业逐渐达成统一认识，以基于大数据驱动、机器学习算法结合安全分析方法为主要能力要素构建了新的安全防御架构，在传统检测方式基础上进一步关注行为分析，并聚焦用户和实体对象。用户实体行为分析（User and Entity Behavior Analytics，UEBA）的概念顺势而生。

2014 年，Gartner 发布了用户行为分析（User Behavior Analytics，UBA）市场界定。UBA 技术的目标市场聚焦在安全（窃取数据）和诈骗（利用窃取来的信息）上，帮助企业检测内部威胁、有针对性的攻击和金融诈骗。随后，Gartner 意识到 UBA 技术不应局限在安全和欺诈上，它对传统网络安全也具有非常大的价值。于是，在 2015 年 Gartner 将其更新为 UEBA，加入实体行为分析部分。UEBA 技术迅速受到重视：2016 年，UEBA 技术入选 Gartner 十大信息安全技术；2017 年，UEBA 厂商强势进入 2017 年度的 Gartner SIEM 魔力象限；2018 年，UEBA 入选 Gartner 为安全团队建议的十大新项目。

能够从海量数据中发现异常，使真正的安全威胁"浮出水面"，是 UEBA 备受关注的主要原因。对于传统安全手段来说，UEBA 从另一个视角去发现问题，从聚焦单条数据内容本身到进一步关注其上下文关系，从更高的维度对用户账号、实体进行分析，关注对象的异常行为，实现从单点检测到多维度大数据分析的跨越，从而更准确地发现异常。

UEBA 提供端到端的分析，从数据获取到数据分析，从数据梳理到数据模型构建，从得出结论到还原场景，自成整套体系，还提供用户行为跟踪分析的最佳实践，记录用户产生和操作的数据，并且能够进行实际场景还原。从用户分析的角度来说，这非常完整且有效。综合来说，UEBA 能帮助用户防范信息泄露，避免商业欺诈，提高新型安全事件的检测能力，提高服务质量和工作效率。

随着 UEBA 技术和应用的快速发展，传统 SIEM 产品和新的 UEBA 产品的功能交叉结合越来越多，其区别只体现在对不同类型数据的使用和分析方法上。2018 年 Garter 的《UEBA 市场指南》给出了 UEBA 产品与 SIEM 产品的覆盖重叠以及发展趋势，并提出 UEBA 将是新一代 SIEM 需要发展的核心功能，而 UEBA 产品本身也会逐渐增强传统 SIEM 产品的管理功能，从两个不同的方向实现 SIEM 和 UEBA 的逐步融合。

因此，不论是从 UEBA 技术发展而来的独立产品角度出发，还是从传统 SIEM 产品集成 UEBA 高级分析功能的角度出发，UEBA 技术的应用前景都是非常广阔的，这一点已经得到大量安全厂商的认可。

UEBA 技术的应用成熟度仍然处于早期阶段，这表明 UEBA 在相当长一段时间内仍将是一种发展迅速、潜力巨大的技术。

（三）数据治理与人工智能为城市赋予智能化应用

1. 数据驱动的智能交通

城市交通系统是城市中信息化程度较高的部分。浮动车 GPS、一卡通、微波探测线圈、摄像头等交通传感与信息化设备可以有意或无意地将城市中交通参与者的交通行为记录下来，为数据驱动的科学研究提供研究样本。同时，城市交通领域自身的数据富集优势，又使得以数据为中心的智慧城市能够率先在智能交通领域中发挥重要作用，我们称这类技术为数据驱动的智能交通技术。以数据为驱动的智能交通技术研究中所采用的城市数据主要包括地图与关注点（Point Of Interest，POI）数据、GPS 数据、客流数据、道路微波测量数据等。通过多种手段对采集到的数据进行分析和理解，可以感知城市的交通运行状况，为市民提供交通引导、导航、推荐等智能服务。

对数据驱动的智能交通技术的研究可以细分为对支撑层面和应用层面这两个层面的研究。

对支撑层面的研究集中在全市交通的感知与分析方面，其目的是感知城市的总体交通状况，分析全市交通的统计行为特征，建立分析模型，为具体的智能交通应用提供数据分析与交通状态评估支撑。例如，基于城市交通监控数据的实时路况报告作为一种成熟的技术已经得到非常广泛的应用，对城市中具有特殊性质的路段的检测和查询、平均通勤时间评估、交通异常与事故的检测等的研究可以极大地提高城市道路交通的管理效率。另外，通过对 GPS 数据的深入挖掘和分析，可以进一步了解城市中交通运行的具体模式，提供交通流量的评估、预测和管理等应用服务。

对应用层面的研究则集中在城市交通管理与运行的各项服务应用中。路径导航服务是最典型的应用之一，丰富详尽的地图数据配合实时的路况分析结果可以为用户提供非常优质的行驶路径导航服务。而包含人类行为信息的车辆定位数据则可以进一步优化导航路径的选择。微软亚洲研究院开发的 T-Driver 车辆导航系统就采用了这样的设计理念。T-Driver 系统统计了北京市城区出租车的 GPS 数据，将不同地标之间驾驶技术最娴熟的出租车司机的驾驶路径用图的方式组织起来，形成了一张包含出租车司机驾驶路径的地标图。用该地标图来进行路径导航，可以有效提高车辆在拥堵时段的行驶效率。该研究的主要特点在于将数据统计中获得的人类智慧应用到传统的信息化交通服务中，将车辆导航应用由传统的"以计算为中心"转变为"以数据为中心"，采用的核心技术也由传统的规划技术转变为以数据为驱动的统计技术，其意义非常深远。

针对出租车与乘客之间的推荐服务方面，也有广泛研究。该类研究最重要的任务就是理解出租车与乘客的行为模式以及两者之间的交互关系。例如，通过对大量出租车行驶行为的研究，分析比较不同出租车寻客策略的有效性，并对如何通过优化出租车的载客策略来提高出租车司机收入进行了深入研究；通过对出租车乘客数据的分析，优化乘客的打车策略等。此外，也可以同时考虑出租车与乘客两个方面的需求，通过对街道打车概率的统计和分析来进行出租车寻客路线和乘客打车地点的推荐。

路径导航（行车路线推荐）、出租车寻客路线推荐和乘客打车地点推荐都属于有资源约束的分配推荐问题，其本质是一个带约束的多方博弈，现有技术提供的均是局部优化的解决方案。由博弈论的相关知识可知，分布式的局部最优解并不能保证最终的全局最优解。如果所有的出租车均按照推荐的行驶路线到乘客较多的地点争夺乘客，那么一方面会导致这些地点成为较难寻找顾客的地点，另一方面会导致其他地点的乘客由于缺乏出租车而打不到车。解决该问题的一个方法是采用集中调度实现全局的车辆负载均衡。这种方法虽有较好的理论性能，但是实现起来非常困难。另一个方法是在推荐算法的设计上引入博弈惩罚机制，以多轮博弈的方式实现分布式的全局最优解。相关的理论与应用研究还需要进一步深入探讨。

出租车行驶的异常轨迹检测也是智慧城市建设非常关心的问题。如何区分出租车司机为躲避拥堵而进行的适当绕行和恶意的"宰客"绕行是要解决的核心问题。法国国立电信学院设计的 iBAT/iBOAT 算法可以有效地对绕行出租车进行在线识别或轨迹识别。其分析结果显示，偏爱绕路的司机的月均收入并不比不绕路司机的月均收入高。这样来看，司机想通过恶意绕行来增加收入，往往只能获得心理安慰，这对于设计合理的出租车收费政策、避免司机恶意绕行有着非常重要的价值。

数据驱动的智能交通技术还可以在优化城市公共交通系统方面发挥巨大的

作用。B-Planner 系统使用出租车 GPS 数据所提供的城市通勤需求信息，重新设计了杭州市夜间公交车的行车路线，满足了不同时段人们对公交线路的不同需求。T-Share 出租车拼车系统通过综合考虑打车人的位置、目的地以及出租车的行驶路径等因素，对出租车的拼车路线进行了合理规划，在充分利用出租车自由灵活特性的同时提高了搭载乘客的通勤效率。Flex 则使用 GPS 数据设计了一种灵活性介于公交车和出租车之间的小型绿色公交系统。随着轨道交通系统在各个城市的发展，乘坐地铁出行成为城市居民越来越多的选择，针对地铁轨道交通的智慧城市交通数据研究也受到越来越多的重视。北京航空航天大学的研究团队使用北京地铁系统的客流数据，对北京市轨道交通的负载流量进行预测分析，其研究成果对于保障轨道交通运营安全、提高轨道交通运营效率有着非常重要的意义。除此之外，综合利用多种交通工具的客流数据，还可以实现对用户全出行路径的系统规划与通勤时间估计，以此为基础开发的城市交通公共服务系统，对于优化城市的整体通勤效率、改善市民的出行交通体验等都有着巨大帮助。

从上述案例可以看出，智慧城市技术在数据驱动的智能交通领域均取得了丰硕的成果。值得注意的是，现有的系统与成果大多依靠浮动车 GPS、一卡通、微波探测线圈等结构化较好的数据源。对于包含丰富语义信息但结构化程度低、信息维度高的城市交通视频监控数据，现有研究使用得还非常少。有关监控视频的应用研究依然停留在视频处理、语义提取、事件理解等阶段，在智慧城市技术体系中扮演着数据准备的角色，尚不足以完全支撑以知识发现为目标的集成应用。这一方面是因为高维视频语义分析理解难度大，相关技术尚不成熟；另一方面是因为视频数据的体量过大，很难按照城市的规模进行协同组织与处理。解决上述城市交通监控视频两个方面的问题，将是以数据为中心的智慧城市研究在智能交通领域所面临的一项重要任务。[①]

2. 数据驱动的城市能源供给

能源是维系城市运转的动力所在，随着全球能源的日益枯竭，降低城市能源消耗、构建绿色城市成为建设智慧城市的核心目标之一。然而，城市是一

---

① 王静远、李超、熊璋等：《以数据为中心的智慧城市研究综述》，《计算机研究与发展》2014 年第 51 卷第 2 期。

个复杂的能量代谢系统，即便是弄清楚城市对某一种特定形式能源的消耗量也是非常困难的。为解决这一问题，微软亚洲研究院利用出租车 GPS 数据和城市加油站的 POI 数据对北京市机动车辆的每日汽油消耗量进行了研究、估算。该研究要解决的挑战有二。一是出租车并不能完全代表城市中全部车辆的行为，每一个加油站正在加油的车辆中只有一小部分是出租车，也并非每个加油站每时每刻都有出租车在加油。二是 GPS 数据只包含出租车的行驶轨迹与运营状态信息，不包含明确的车辆行驶意图信息，如一辆出租车在加油站附近出现并不能说明其正在加油，需要有专门的算法对出租车的加油行为进行检测和判断。针对上述问题，该研究实现了从 GPS 数据中发现加油事件的检测方法，提出了一种能够在稀疏张量中分析汽车在加油站中加油所消耗时间的评估算法，并实现了能够通过加油时间推断加油站车辆到达频率的排队计算方法。该研究可以为普通用户提供推荐加油站的服务，也可以为石油公司的加油站规划建设提供意见，同时还可以让政府了解和掌握整个城市的能源消耗情况，从而制定更为合理的能源管理政策。[①]

3. 智慧物联网终端感知与应用

随着信息化的深入，在智慧城市的发展浪潮中，从不缺少物联网的身影，在智慧城市的基础设施建设中也有物联网技术的广泛应用。物理空间的数字化、物与物的通信、传感网的构建等都与物联网应用的发展息息相关。

近年来，国内物联网发展迅速，大大加快了互联设备和传感器的数据收集。智慧城市通过物联网终端将城市公共设施联成网。物联网与互联网系统完全对接融合，海量的智能传感终端接入互联网的同时也面临各类安全风险。海尔集团建立了物联网安全监测与防护平台，成立了安全运营中心，将所有安全防护设备和措施建设成体系，实现整体防护，实时连接公安、政府有关部门，并接收来自生态合作伙伴的实时威胁情报。富士康集团针对实体安全、DMZ（代表 DeMilitarized Zone，即隔离区）、边界这 3 个层面对数据和系统进行安全防护，通过数据防泄漏、访问控制、自动化备份等机制，在数据安全层面实现对勒索病毒以及未知威胁的防治。国内监管单位也提出了加强面向公共云服务、

① 王静远、李超、熊璋等：《以数据为中心的智慧城市研究综述》，《计算机研究与发展》2014 年第 51 卷第 2 期。

物联网、车联网等领域典型应用场景的安全防护，基于数据驱动的自适应安全体系也逐渐成为主要解决方案之一。一些企业也在逐渐建立针对性安全防护体系，以包含架构安全、被动防御、积极防御、威胁情报和进攻反制这5个阶段叠加演进的方式推进，逐步构建积极防御能力，通过地区、行业和企业分级建立安全运营中心。

由上述调研可知，国内外均在物联网安全领域有了一些探索，构建了相应的安全防护体系，但针对物联网终端的安全问题还缺乏有效的应对方案，在应对网络安全攻击方面仍然采用传统的应对措施，滞后于实际需求，难以满足快速增长的物联网应用对安全的要求。

在万物互联的环境里，终端安全是物联网安全最重要的环节之一，是否能实时、准确感知物联网终端的安全状态，将直接关系到是否能从源头上掌控物联网整体安全状态，感知全网态势。针对智慧物联网终端安全感知，多家企业已经在视频监控、车联网等领域内开展了大量的应用实践。针对存在大量摄像头等物联网终端的城市终端系统，如何感知终端系统的安全状态以及终端周边安全状态是非常重要的课题。

在一个智能办公场景里，一台服务器感染了网络病毒后，会在整个网络里复制、传播该病毒。在病毒从服务器向同一个局域网内的扫描仪、PC、打印机等终端传播的过程中，会产生大量从病毒源头到目标的网络连接。该服务器若具备终端威胁感知能力，就可以及时将该威胁情报信息上报给该物联网的管控平台。同时，被攻击的目标若具备终端周边感知能力，就可以将来自服务器的病毒传播连接行为实时告知管控平台，并进行通报预警，及时对其进行管控。

在物联网中，每个联网的物联网终端都可能成为整个物联网的潜在入口，由于物联网涉及大量的企业、个人隐私数据，因此数据安全与保护隐私非常重要。但物联网终端的互操作性、混搭以及自主决策性导致了整个物联网系统的复杂性。要保证整个物联网数据的安全，需要从不同的维度开展物联网安全建设，构建一个整体安全、可信的物联网终端网络体系，针对海量物联网终端建立一套物联网安全态势感知平台，针对海量物联网终端不同维度的威胁信息、流量信息、连接信息进行机器学习、聚类关联分析、大数据计算、深度算法理解和预测，实现整个物联网终端威胁可视化、安全态势感知管控，同时为该网络的重要决策提供信息支撑。

4. 大数据技术实现网络空间打假

随着食品药品产业的快速发展，食品药品与环境犯罪活动持续增多，严重危害人民群众的生命健康安全。为此，各地公安机关相继组建了食品药品与环境犯罪侦查专业队伍，加大对食品药品与环境犯罪的打击力度。分析研判食品药品与环境犯罪规律特点和侦查困境，探讨打防对策，有助于我们更有针对性地打击食品药品与环境犯罪。

在最近几年，越来越多的不法分子将犯罪战场转移到了网络上，通过网络销售假食品、假药等，利用互联网从事非法活动等行为也在向多样化发展。以一起生产销售假药案集群战役为例，不法分子通过网络购买多种假药，然后在网络上发布信息售卖，并通过 QQ、微信联系买家，通过支付宝收款，通过快递邮寄送货或当面交货，涉案人员涉及全国多地。传统的侦查手段已经不足以应对信息化犯罪，信息化侦查手段的建设迫在眉睫。

各省级公安系统均在建设公安大数据平台，依据这一思路设计和建设的大数据平台能够为公安信息化建设提供统一的基础设施资源服务和平台组件服务，实现各警种数据的全量融合，基于开放的数据服务提供全警共性数据应用和各警种的"智慧警务"应用，从而打造从下至上全面开放的架构体系，以公安大数据平台为基础，以互联网大数据平台为辅，应用大数据分析挖掘和人工智能技术，建设各省级公安智能打假平台。

大数据建模平台是基于高性能数据库引擎的数据应用平台。它以业务模型为参照，通过搭建数据模型、装载数据元素完成对业务模型的刻画和解读，通过数据模型实现对业务模型的分析。用户可利用大数据建模平台完成线下业务向线上数据分析的转型，实现贴合业务场景的数据化分析。大数据建模平台支持将打假部门在日常工作中总结形成的技战法进行固化，形成与业务相关的技战法模型。同时，可以依托已经建成的公安大数据平台进行公安网打假线索挖掘。

（四）区块链让智慧城市数据更安全

区块链技术飞速发展，人们对于区块链的研究也随之火热起来。区块链技术在智慧城市建设中备受关注，与之相关的很多利民项目被提上议程。下面简单介绍一些使用区块链技术助力智慧城市建设的案例。

2017 年 12 月 14 日，沃尔玛、京东、IBM、清华大学电子商务交易技术国家工程实验室共同宣布成立我国首个安全食品区块链溯源联盟，其目的在于通过区块链技术的溯源性加强食品追踪、可溯源性和安全性方面的合作，提高食品供应的透明度，进一步保证消费者的食品安全。

2018 年 1 月，世界自然基金会宣布应用区块链的供应链追溯项目。通过该项目，世界自然基金会及其合作伙伴正在通过区块链技术记录海鲜产品从源头到餐桌的每一步，以打击非法捕捞金枪鱼等犯罪活动。

2018 年 2 月 24 日，诺基亚提出传感即服务建设项目，此项目使用云计算、大数据、物联网、区块链等技术，管理智慧城市的视频监控、物联网、传感器、停车状况和环境等一系列内容，助力智慧城市经济和环境可持续发展。

2018 年 3 月 5 日，在线会议酒旅预订平台会唐与九链数据科技有限公司正式签署战略合作协议，标志着酒店预订场景与区块链技术相结合的应用性研究进入新的阶段。2015 年，会唐在酒店应用场景与区块链技术结合领域进行尝试，发现在客户垫款、定金预付、信用、行业评价等方面，都能很好地应用区块链技术。

2018 年 8 月 8 日，由湖南信链通网络科技有限公司主办，以"智慧城市5G 引领"为主题的 5G 应用场景区块链峰会隆重举行。5G、物联网和区块链等技术的结合，能真正实现万物互联，使人们置身于一个智能、可互动的网络里，彻底改变我们的社交与互动方式。未来，5G 网络技术与区块链相融合后，将大大加速各类智能技术新应用的落地，开启移动通信发展的新时代，促成全移动、全连接社会的构建，为消费者的生活带来天翻地覆的变化。

2018 年 8 月 10 日，全国首张区块链电子发票在深圳落地。区块链电子发票在国家税务总局的指导下，由深圳市税务局携手腾讯实现落地，是全国首个"区块链＋发票"生态体系应用研究成果。首期试点应用中，深圳市税务局携手腾讯及金蝶软件，打造"微信支付—发票开具—报销报账"的全流程、全方位发票管理应用场景，未来将支持更多企业上链开具区块链电子发票。

2018 年 9 月 21 日，杭州市江干区人民法院召开杭州大世界五金城有限公司第一次债权人大会。此次会议的在线投票数据均写入由中钞区块链技术研究院自主研发的络谱区块链登记开放平台。络谱区块链登记开放平台是中钞区块链技术研究院基于其在区块链领域的多年技术研究成果与合作伙伴共同推出的区块链登记开放平台。这也是国内首个基于区块链技术打造的数字世界新型协作生态环境，为社会各行业应用提供基础平台与增值服务。

2019 年 2 月 27 日，微众银行与澳门特别行政区政府设立的澳门科学技术发展基金签署合作协议，双方将在智慧城市、民生服务、政务管理、人才培训等方面开展合作。双方合作的首个项目将基于 WeIdentity 实体身份标识及可信数据交换解决方案开展。在传统方式中，跨机构、跨部门的个人数据交换存在不少难点。而 WeIdentity 致力于通过区块链技术，实现安全、高效的跨机构身份标识和数据合作，为澳门地区的电子政务服务提供技术支持，提升澳门地区居民的服务体验。

2019 年 10 月 15 日，国家信息中心、中国移动通信集团有限公司、中国银联等 6 家机构共同研发的区块链服务网络（Blockchain-based Service Network，BSN）正式开启内测。BSN 致力于打造行业一致认可、共同使用的区块链底层技术服务平台，推动区块链产业布局，服务新型智慧城市建设的数字经济发展。未来，BSN 将陆续接入金融机构及其他企业，实现在应用场景、生态建设和标准规范等方面的先行先试。

2019 年 12 月 3 日，在广东省大数据开发者大会上，广州市海珠区政务服务数据管理局与阿里巴巴华南技术有限公司联合推出政务服务可信链，以打造区块链全流程"指尖办"服务模式，推动区块链技术在智慧政务上的研究、开发和应用。政务服务可信链利用区块链技术，推动政府各部门在保障数据隐私性、安全性、可靠性等基础上的政务信息资源共享，实现表单信息、电子资料、办理结果等全流程链上管理，从而提升行政审批工作的透明度。

2019 年 12 月 9 日，深圳市统一政务服务 App——"i 深圳"区块链电子证照应用平台正式上线，实现居民身份证等 24 类常用电子证照上链，在个人隐私得到最大程度保护的基础上，企业市民携带纸质证明办事的不便将大大减少，办事有望不再使用复印件。

除此之外，迪拜正致力于打造全球第一个由区块链技术驱动的政府，根据阿联酋副总统兼总理、迪拜酋长阿勒马克图姆宣布启动的"阿联酋区块链战略2021"可以清楚地看到，其任务是使迪拜成为"创新的枢纽和新兴技术的试验台"。奥地利维也纳也将区块链技术应用于智慧城市的建设中，致力于提升公共交通线路、火车时刻表、社区投票结果等城市数据的安全性及使用的便捷性。美国佛蒙特州南伯灵顿市将以区块链技术为基础的房地产交易作为试点，降低土地数据管理的成本。印度政府使用区块链技术实现个人身份识别与信息验证，在数据安全、可控的前提下实现数据共享。此外，瑞典、俄罗斯、英国、瑞士、韩国、日本、泰国、乌克兰等国家和地区都在积极探索区块链技术应用。

建设智慧城市是推动城市乃至国家发展的重要举措，而区块链技术在智慧城市的建设中则起着关键作用。在区块链技术不断发展的背景下，将区块链技术应用于智慧城市建设，实现去中心化的运行机制，能够让所有人参与城市建设的同时实现资源的可持续发展；将智能合约技术应用于智慧城市建设中，可使智慧城市建设更安全。

（五）"软件定义安全"城市安全理念与方案

5G、人工智能、大数据、物联网、云计算、区块链等技术的兴起与发展，进一步加快了万物互联以及网络世界和物理世界的融合。这意味着两者的边界将逐步消失，对网络世界的攻击就等于对物理世界的攻击，将直接影响国家安全和社会稳定。

随着信息网络的不断拓展，网络信息开放程度不断提高，各级企事业单位都组建了工作信息网络，并建设了大量信息系统，带来了很多工作上的便利，如资源共享、办公自动化以及方便的信息交换等，极大地提高了工作效率。但信息技术的"双刃剑"效应使信息安全问题日益突出，计算机病毒和黑客攻击等大量"怪胎"随之产生，越来越多的信息安全问题也日益凸显。随着越来越多的远程终端接入工作信息网络，如何保障工作信息网络安全和远程终端安全，成了工作网络防护最重要的工作之一。

面对新挑战，鼎普科技提出了3个方面的建设目标：一是建设可信化、服务化、智慧化的新防护体系；二是建设统一监管、统一指挥、能感知、能处置的新监管体系；三是建设便捷业务办理、规范业务管理、支撑业务分析的新应用体系，其中的理念就是智能化，即基于"软件定义安全"的策略，以安全基础设施或能力中心为基础，根据接入的安全域策略、智能安全策略、隐私策略等形成一体化的综合防护方案。

　　防护方案采用先进的主机防护、数据加密、网络传输加密等技术，在不明显影响现有网络系统结构和业务运行效率的前提下，通过方案的实施，结合主动加密、事前控制、事中监视、事后审计这 4 种技术手段，最大可能地使内部的工作信息得到保护，建立起可靠的工作信息网络安全监管技术体系，并获得对工作信息的存储和信息交换等过程的安全管理，为用户构建了一个可信可控、方便快捷且安全的工作信息网络防护监管系统，力争做到"一切尽在掌控之中"，即非法外部入侵进不来、非法外联出不去、内外勾结拿不走、拿走东西看不懂、设备丢失不泄密、操作行为可监控、正常工作不影响。

8 第八章 智能力量支援
疫情防控

　　智能力量在抗疫工作中发挥的作用得到了积极评价。基于新冠疫情对全球的影响，世界各地的科技界、医学界人士积极运用以人工智能为代表的技术应对疫情。《麻省理工科技评论》发表了题为《百度如何运用人工智能抗击疫情》的文章，整体展现了百度人工智能技术在病毒分析、实时筛查、辅助诊疗、大数据分析等方面的应用成果。该文章指出，人工智能开始在公共卫生领域发挥重要作用，政府机构及企业越来越多地寻求人工智能技术以应对疫情。

　　新冠疫情一直都牵动着全国人民的心，人们的工作和生活曾因为新冠疫情的急速发展而陷入巨大变化之中。医务人员奋战在疫情第一线，医药生物科研院所工作人员加紧寻找病毒源头和研发抗疫药物。在抗疫的关键时刻，智能力量也彰显出抗疫防疫的巨大作用。特别是工信部于 2020 年 2 月 4 日发布的《充分发挥人工智能赋能效用协力抗击新型冠状病毒感染的肺炎疫情倡议书》，要求进一步发挥人工智能赋能效用，组织科研和生产力量，把加快有效支撑疫情防控的相关产品攻关和应用作为优先工作。

　　在政策的加持下，我国人工智能领域的众多科学家和工程师团队加速科研攻关，将众多人工智能设备送到了战"疫"前线，加入"防疫一线战斗队"，为各大领域输送了"智能防疫力量"。

一、助力病毒基因测序、疫苗研发和药物筛选

（一）借助人工智能实现对病毒基因快速精准测序

中国疾病预防控制中心传染病预防控制所研究员、上海市公共卫生临床中心兼职教授张永振等人组成的研究团队于 2020 年 1 月 5 日凌晨从病毒标本中检测出一种新型冠状病毒，并通过高通量测序技术获得了该病毒的全基因组序列（GenBank：MN908947）。1 月 11 日，该团队在病毒学组织网站发布了所获得的新型冠状病毒全基因组序列，系全球最早公布该病毒序列的团队。此举对后续新型冠状病毒的溯源、鉴定以及防疫工作至关重要。

高通量测序技术堪称测序技术发展历程的一个里程碑，该技术可以对数百万个 DNA 同时测序。这使得对一个物种的转录组和基因组进行细致全面的分析成为可能，因此也称为深度测序或下一代测序技术。

高通量测序技术有以下三大优点。

第一，利用芯片进行测序，可以在数百万个点上同时阅读、测序，把平行处理的思想用到极致，因此该技术也称为大规模平行测序。

第二，有完美的定量功能，这是因为样品中某种 DNA 被测序的次数反映了样品中这种 DNA 的丰度。

第三，可以一次运行同时处理多个样本，实现大规模基因排序，提高了测序的效率。同时，该技术能够快速识别成千上万个样本的基因，并为大规模分析提供基础数据。

研究人员能够对 DNA 进行测序和分析，人工智能系统能够更快、更便宜、更精确，研究人员就能对病毒所有活动的特定基因蓝图有更深了解。

随着人工智能和机器学习应用的进步，研究人员能够通过基因组测序更好地解释基因组数据并对其采取行动。基因组测序是理解基因组关键的第一步。最新的高通量测序技术可以让 DNA 测序在一天内甚至几分内完成。

使用检测试剂盒确诊病患的过程中，运用人工智能算法进行核算大大缩短了病毒基因序列对比的时间。

2020 年 1 月 24 日，北京大学工学院生物医学工程系教授朱怀球团队的一篇题为《深度学习算法预测新型冠状病毒的宿主和感染性》的研究文章发表于 bioRxiv 预印版平台，该研究使用基于人工智能深度学习算法开发的病毒宿主预测方法预测新型冠状病毒的潜在宿主。

（二）加速疫苗研发和药物筛选

药物、疫苗是防疫的关键。病毒防治药物是抗击疫情的最重要的"武器"。通常来说，药物研制需要经过毒株分离、测序分析、找到病毒的靶点进行识别和验证、化合物筛选、评估研究和动物实验、制剂合成、临床试验等一系列过程才能上市使用。在中国疾病预防控制中心病毒病预防控制所成功分离首株病毒毒株后，接下来的疫苗研发和药物筛选都需要进行大量的数据分析、大规模的文献筛选和计算工作。这时候，人工智能技术就派上了用场。虽然人工智能计算在病毒分析与疫苗研发和药物筛选中的作用仅仅是缩短匹配周期，但开放人工智能算力在分秒必争的疫情时期同样非常重要。人工智能可以从海量文献、实验等数据中完成筛选，或是模拟化合物与特定靶标的结合效果。TechEmerge 的报告显示，人工智能可以将新药研发的成功率从 12% 提高到 14%。

互联网"巨头"纷纷出手，为新型冠状病毒防治药物筛选、疫苗研发提供强有力的支持。2020 年 1 月 29 日，阿里云宣布，疫情期间向全球公共科研机构免费开放一切人工智能算力，以支持病毒基因测序、新药研发、蛋白筛选等工作，加速新药和疫苗研发进程，缩短研发周期。阿里达摩院研发的人工智能算法将疑似病例基因分析时间缩短至 30 分，并能精准检测出病毒的变异情况。随后，百度研究院也宣布，向各基因检测机构、防疫中心及全世界科学研究中心免费开放线性时间算法 LinearFold 以及 RNA 结构预测网站，以提升新型冠状病毒 RNA 结构预测速度，助力疫情防控。其中，LinearFold 算法可将此次新型冠状病毒的全基因组二级结构预测时间从 55 分缩短至 27 秒。同时，百度将提供时空大数据及分析技术，支持对疫情的及时发现、快速应对及科学管理。腾讯云为药物筛选和病毒突变预测工作提供免费云超算能力、运算集群支持以及基础云计算能力支撑。

此外，多家科研机构参与用人工智能技术分析病毒变异位点，为精准靶向药物筛选提供数据支持。

二、赋能前期病患快速筛查

（一）远距离测量体温、红外热成像测温提升防疫精度

针对节后复工返程，在火车站、机场、地铁站、学校等场所进行体温检测是一种重要防疫措施。在人流密集的公共场所，传统体温测量耗费人力，且存在交叉感染的风险，很难达到防疫的作用。

对此，百度提供了一套完善的人工智能多人体温快速检测解决方案，用非接触、可靠、高效且无感知的方式，在检测出体温超出阈值的流动人员时发出异常预警，并快速展示出体温不在正常范围的人员及温度。该方案能解决传统体温检测人工成本高、测量效率低、预警响应慢、系统分析弱、全局掌控难等问题。基于人工智能图像识别技术和红外热成像技术，使用基于人脸关键点检测及图像红外温度点阵温度分析算法，可以在一定范围内对人流区域多人额头温度进行快速检测、筛选及预警，解决了佩戴口罩及帽子造成的面部识别特征较少的问题，方便对人流聚集处的快速筛选。

阿里安全推出的一款名为"AI 防疫师"的系统，可以实现实时体温测量、口罩佩戴识别、高危人群预警和追踪等功能。当体温异常、不戴口罩的人出现时，系统在通知防控人员的同时，还会自动追踪其行动轨迹、接触人群的情况。

商汤科技利用人脸识别算法和热成像智能测温技术，在短时间内迅速推出了"AI 智慧防疫解决方案"，可实现对人员体温、口罩佩戴以及人员身份等方面的识别和管理。

深兰自动驾驶研究院（山东）有限公司研发的体温监控系统——猫头鹰多功能体温行为追踪监控系统，将红外热成像技术和人工智能监控结合，具有自动跟踪功能，在医用领域可以为特定传染病的预防与监控提供有效帮助，还可以安装在火车站、机场、广场等人流密集区域。

由爱华盈通研发的戴口罩版人工智能测温仪，可以在 30 分内完成安装。

旷视科技团队提出的"人体识别＋人像识别＋红外／可见光双传感"的解

决方案——一款名为"明骥"的人工智能测温系统能够准确地检测到人体的额头区域，可以实现 300 人 / 分的非接触远距离测温，误差在 ±0.3℃以内。一套系统可以部署 16 个通道，可支持最远 3 米的非接触远距离测温，若出现疑似发热人员会自动报警。

（二）测温巡逻机器人 24 小时巡逻

在深圳市宝安区黄鹤检查站，优必选科技与公安部第一研究所合作研发的警用巡视机器人"建国"忙碌地工作着。"建国"在高速公路防护重点地区 24 小时不间断自动运行，实施巡逻与现场监控，它能够对佩戴口罩状态下的人员进行有效识别与溯源，实现动态体温检测，分担民警、辅警等一线工作人员的巡逻任务，降低交叉感染的概率。

广州市南沙区万达广场启用了名为"千巡警用巡逻机器人"的 5G 机器人。它是一款可用于测量体温的巡逻机器人，搭载了 5 个高清摄像头，能实现全景无死角巡逻，以及 5 米以内快速测量体温，还能识别过往人员是否戴口罩。"千巡警用巡逻机器人"可在机场、车站、广场、医院、社区以及重点卡口路段启用疫情防控模式，借助移动式红外测温筛查、循环播报提醒等功能，实现远程可视化指挥，协助一线民警在危险、高强度的工作环境中完成排查、防控任务。

三、智能算法辅助临床诊断

浙江省疾病预防控制中心使用阿里达摩院研发的人工智能算法，将原来数小时的疑似病例病毒基因分析缩短至半小时，大幅缩短了确诊时间，并且能通过病毒基因序列的比对，精准检测出病毒是否发生变异。除核酸检测外，CT 检查也是新冠感染诊断的影像学重要方式。在传统方法下，一个新冠感染病例的 CT 影像有 200 ~ 300 张，一个成熟的医生对一个病例的 CT 影像分析需要 5 ~ 15 分，工作量非常大。

2020 年 2 月 15 日，阿里达摩院联合阿里云研发了一套人工智能诊断技术，其研发的影像人工智能算法和新冠感染人工智能辅助诊断算法可以在 20 秒内对疑似病患 CT 影像做出判读，分析结果准确率达到 96%，可有效减轻医生压力，提升临床诊断效率。

CT 影像分析准确率的大幅提升可以辅助医生提高对疑似病患的诊断效率，减少误诊、漏诊情况，尤其可以为未接诊过新冠感染病例的临床医生或低年资影像科医生提供有效的诊断鉴别提示。

阿里达摩院基于最新的诊疗方案，联合多个权威团队发表的关于新冠感染患者临床特征的论文，与浙江大学医学院附属第一医院、万里云等机构合作，使用了大量临床数据，才达到了辅助临床诊断的标准。

另外，阿里达摩院研发的病历质检算法也可以有效提升 CT 影像读片、临床诊断的效率，还可以对病历质量进行检查、规范。

搭载腾讯人工智能医学影像和腾讯云技术的人工智能 CT 设备可以在患者检查后数秒完成判定，并在 1 分内提供辅助诊断参考。

由依图医疗研发的智能评估系统 2 ~ 3 秒内就能够实现 CT 影像智能化诊断和定量评价，对局部性病灶、弥漫性病变、全肺受累等的严重程度进行精准分级。

四、智能机器人活跃在抗疫战线的各个战场

抗疫战线上，在医护资源短缺的情况下，智能机器人已成为重要力量。已有近千台来自不同企业、机构的机器人出现在抗疫战线，助力疫情的预警和防治。

（一）智能导诊机器人

北京大学首钢医院配备了北京猎户星空的两台智能服务机器人。其中一台智能服务机器人可实现无人导诊、发热问诊自动响应、患者引领及初步诊疗，并可实现医生对患者的远程诊疗，降低因医护人员与患者直接接触而发生交叉感染的可能性。

北京市海淀医院部署了北京金山安全的 Orion Star 疫情防控协作机器人，借助该机器人，医生和患者可实现远程双向视频问诊。在护士台待命的疫情防控协作机器人，可根据医护人员发起的指令，到达指定位置进行问诊，包括测体温、查看舌苔情况等。引入疫情防控协作机器人，可帮助医生处理前期问询、预诊等许多相对没有那么紧急的工作，为医护人员留出更多时间去处理更紧急、

更重要的事情。

（二）智能消毒机器人

上海钛米机器人股份有限公司的多台消毒机器人能够针对环境物表和空气进行自主移动式多点消毒，弥补传统固定式空气消毒机、紫外线灯管及化学熏蒸法的不足，满足更高水平的消毒要求。具体而言，该消毒机器人人机分离，拥有自主导航技术，还能识别环境内的物品并自主避障，其顶部喷洒次氯酸消毒液。不仅如此，该机器人还配备消毒管理软件，可自动根据空间面积计算消毒时间，围绕消毒目标充分消毒。

（三）智能配送机器人

智能配送机器人在一线服务，不仅减少了医护人员频繁接触患者和病毒的可能性，也在一定程度上减轻了医护人员的劳动强度。

广东省人民医院引进了赛特智能科技的两台智能机器人。该机器人集成了无人驾驶技术，可自主识别、读取地图和工作环境，建立信息库，自主规划路径和自主充电。智能机器人的工作能力甚至超过人类，比如可实现点对点物资配送，从而降低临床工作人员交叉感染的风险。

深圳普渡科技的机器人可根据医院需求分别执行递送化验单、药物、食品等工作，还可开展一些简单又耗时耗力的递送工作，让医护人员省下更多时间和精力处理更加紧急的事，也可减少医护人员在递送路上感染的可能性。

除了在一线协助医护人员开展工作的智能机器人外，在保障人民正常生活秩序的场景中也能看到智能机器人忙碌的身影。

在快递、外卖配送服务的需求明显增加的背景下，为了降低交叉感染的风险，很多平台纷纷推出了"无接触配送"服务，但外卖配送员人数有限，无法满足庞大的配送需求。这时，智能配送机器人便成了重要帮手。

在广东某疫区，一清创新科技无人驾驶物流车"夸父"承担了后勤仓库与病房、病房与垃圾站、超市与小区等地点之间的物资物料运输任务。"夸父"一车可以装载 75 个小箱子，每箱能装 10 千克货物，一次可以配送 750 千克的蔬菜瓜果。

美团也启用了无人配送车，在 2020 年年底北京市顺义区出现疫情时，为该区多个社区居民配送果蔬食品。美团与中国联通合作，优化该区域内的 5G 网络，在买菜服务站点配备了无人配送车，开始常态化配送运营。配送范围内的居民下单之后，智能调度中心系统会将订单指派给无人配送车。无人配送车取货之后，自动行驶到目的地社区无接触配送点。随后顾客自行取走货箱中的物品，全程隔绝人与人的直接接触。

五、 为疫情提供解决方案

巨大的人口流动为确定确诊病例和疑似病例的行动轨迹带来了一定困难。铁路 12306 和民航"航旅纵横"平台利用实名购票产生的大数据为各地政府提供了人员流动和接触的重要信息。通过大数据平台分析，可以从宏观上了解人员流动情况，并根据大数据进行预测、布控和准备，还可以从微观上分析分散在各地的隐形传染源，提高排查效率。

同时，大数据为疫情期间各类物资，尤其是医疗物资的调配起到了很大的推动作用。大数据平台还实现了供求双方的精准对接，按照紧急程度分级对接，实现精准的资源调配。

六、 智能技术让谣言进入"短命期"

面对疫情，公众想知道的不仅是自我防护知识、相关政策通知，还想获得权威、完整、准确、及时的信息。

因此，互联网公司与政府官方平台齐发力，利用大数据检测词条搜索指数，强化疫情时期信息的时效性与准确性，密切追踪疫情期间信息，并及时做出回应，公布在社交媒体平台上，谣言破除速度大大提升，谣言进入"短命期"。

对于人工智能来说，疫情是各条战线上的一场"大练兵"。各类服务机器人发挥的作用的确让各行各业清晰地认识到服务机器人在行业内的商业价值和服务价值。基于人工智能在疫情防控上展现出来的重大作用，人工智能行业有望迎来新的发展契机。

9 第九章 全球智能力量发展趋势

一、当前智能力量的全球态势

（一）智能技术快速生成新的应用场景

智能技术的发展是一个需要持续积累和技术迭代的过程，在其近几十年的发展中，以人工智能为核心的智能力量体系逐渐形成，并深刻地影响着全球经济社会的发展态势。人脑经过数亿年的进化，形成了现在的基因状态，而作为要在不同程度上体现人类智能的技术，智能技术发展也注定是漫长的。当今，世界各科技"巨头"和创业公司在智能技术领域的不同应用场景中深耕，探索出了不同的发展路径。同时，智能技术作为新一轮产业变革的核心驱动力和经济社会发展力量，正在释放历次科技革命和产业变革积蓄的巨大能量。持续探索新一代人工智能应用场景，将重构生产、分配、交换、消费等经济活动各环节，催生新技术、新产品、新产业。

（二）当今智能技术三足鼎立的全球态势

如同"蒸汽时代"的蒸汽机、"电气时代"的发电机、信息时代的计算机和互联网，人工智能正成为推动人类进入智能时代的决定性力量。全球产业界充分认识到人工智能技术引领新一轮产业变革的重大意义，纷纷转型发展，抢滩布局人工智能创新生态。世界主要发达国家均把发展人工智能作为提升国家竞争力、维护国家安全的重大战略，力图在国际科技竞争中掌握主导权。习近平总书记在十九届中央政治局第九次集体学习时就已经强调，加快发展新一代人工智能是事关我国能否抓住新一轮科技革命和产业变革机遇的战略问题。[①] 错失一个机遇，就有可能错过整整一个时代。新一轮科技革命与产业变革已曙光可见，在这场关乎前途命运的大赛场上，我们必须抢抓机遇、奋起直追、力争超越。

近年来，人工智能从基础研究、技术到产业，都进入了高速增长期。在供需两侧的共同推动下，技术创新成果开始大规模地从实验室研究走向产业实践，人工智能产业化进程加快。根据中国信通院发布的最新数据测算，2022 年我国人工智能核心产业规模达到 5080 亿元，同比增长 18%。[②]

美国硅谷是当今人工智能基础层和技术层产业发展的重点区域，聚集了数千家人工智能企业，以谷歌、微软、亚马逊等为代表形成集团式发展，同时在人工智能企业数量、投融资规模、专利数量等方面全球领先。

我国人工智能行业的论文总量和高被引论文数量都排在世界第一。同时，我国已成为全球人工智能专利布局最多的国家。在人工智能领域的投融资占到了全球的 60%，成为全球最"吸金"的国家，投融资主要集中在技术和应用层，出现全球总融资额最大、估值最高的人工智能独角兽企业。

欧洲通过大量的科技孵化机构助力早期的人工智能初创企业，高新技术产业转化率较高，诞生了大量优秀的人工智能初创企业。

值得关注的是，印度成为人工智能领域的后起之秀。目前，已有数百家印度公司部署人工智能，在医疗保健、农业、教育、智慧城市和城市交通这 5 个应用领域发力。

基于智能技术的快速发展态势，一些专家学者认为，人工智能经过了近 70 年的发展，在 21 世纪的第二个 10 年，迎来了全盛的黄金时代。从智能技术对人脑描述与体现的技术本质来看，我们认为智能技术还处在刚刚起步的阶

---

① 习近平：《加强领导做好规划明确任务夯实基础　推动我国新一代人工智能健康发展》，《人民日报》2018 年 11 月 1 日。

② 谷业凯：《新技术不断涌现，产业规模持续增长，应用广度和深度加快扩展 人工智能产业化应用加速》，《人民日报》2023 年 3 月 25 日。

段，在与其他学科融合演化、与其他领域融合发展中，必然会生成新的技术力量，而当前全球智能技术和力量的发展也只是展开阶段。

（三）全球智能技术基本态势

2020 年全球范围内的疫情促使智能技术需求与应用攀升。在软件层面，AutoML 等工具的出现降低了深度学习的技术门槛；在硬件层面，各种人工智能专用芯片的涌现为深度学习大规模应用提供了算力支持；在人工智能之外，物联网、量子计算、5G 等相关技术的发展也为深度学习在产业中的渗透提供了诸多便利。智能技术基本态势梳理如下。

一是智能技术进入规模生产的工业化场景。近年来，智能技术本身以及各类商业层面解决方案已日趋成熟，正快速进入"工业化"阶段。伴随着国内外科技"巨头"对智能技术研发的持续投入，全球范围内出现多家智能技术模型工厂、数据工厂，并将智能技术进行模块化整合，大批量产出，从而实现赋能各行各业以达到产业快速转型升级的终极目的。例如，客服行业的智能技术解决方案将可以大规模复制应用到金融、电商、教育等行业。

二是智能技术芯片加快达到商业化状态。芯片技术的市场需求促使芯片产业具备更加低成本化、专业化以及系统集成化的重要特征。同时，NPU 将成为下一代端侧通用 CPU 的基本模块，未来越来越多的端侧 CPU 都会以深度学习为核心支撑，进行全新的芯片规划。

三是深度学习技术渗透各产业并广泛应用。以深度学习为框架的开源平台极大降低了智能技术的开发门槛，有效提高了智能技术应用的质量和效率。各行各业广泛应用深度学习技术实施创新，加快产业转型和升级的步伐。

四是自动机器学习 AutoML 提升智能技术普及率。AutoML 把传统机器学习中的各个迭代过程综合在一起，构建一个自动化学习过程，大大降低了机器学习成本，从商业化角度迅速扩大了智能技术应用普及率。

五是多模态深度语义理解进一步成熟并得到更广泛的应用。随着计算机视觉、语音识别、自然语言处理和知识图谱等技术的快速发展和大规模应用，多模态深度语义理解会进一步走向成熟，其应用场景会变得更加广阔并广泛应用于互联网、智能家居、金融、安防、教育、医疗等领域。

六是自然语言处理技术与各专业领域知识深度融合。基于海量文本数据的语义表示预训练技术将与专业领域知识进行深度融合，持续提升自动问答、情感分析、阅读理解、语言推断、信息抽取等自然语言处理任务的效果。具备超大规模算力、丰富的专业领域数据、预训练模型和完善的研发工具等特征的通用自然语言处理计算平台逐渐成熟，并将在互联网、医疗、法律、金融等领域广泛应用。

七是物联网在边界、维度和场景这 3 个方向实现技术突破。随着 5G 和边缘计算的融合发展，算力将突破云计算中心的边界，向万物蔓延，产生一个个泛分布式计算平台，促进物联网与能源、电力、工业、物流、医疗、智能城市等更多场景发生融合，创造出更大的价值。

二、全球智能技术发展趋势

智能技术最近几年发展得如火如荼，学术界、工业界、投资界等各方一起发力，硬件、算法与数据共同发展。不仅是大型互联网公司，大量创业公司以及传统行业的公司也开始涉足智能技术行业。

从智能技术基础设施来讲，智能技术芯片的研发方兴未艾，包括英伟达 GPU、谷歌 TPU，国内的阿里、百度、华为等公司，以及大量创业公司，都在智能技术芯片方面加快布局。随着其应用进一步渗透到物联网等领域，相信对智能技术芯片的需求会越来越广泛。

从智能技术进展的角度来看，有 4 个明显的技术趋势已日益凸显。第一，随着以智能手机为代表的移动终端计算存储能力的快速提升，移动端人工智能与边缘计算技术正在快速发展与普及，如何在应用效果尽可能高的前提下，将模型做小、做精致、做快，是这个发展方向的关键点。第二，传统机器学习严重依赖训练数据的规模与质量，这制约了该领域技术的快速发展，而最近的明显趋势是由常见的监督学习转向半监督、自监督甚至无监督机器学习，如何用尽量少的有标训练数据让机器自主学习更多的知识，是其发展方向。第三，AutoML 正在快速渗透各个人工智能应用领域，已经从最早的图像领域拓展到自然语言处理、推荐搜索、GAN 等多个领域。随着 AutoML 技术的逐渐成熟，搜索网络结构成本越来越低，相信会有更多的领域模型交由机器而不是算法专家主导设计，这个技术趋势基本是确定无疑的。第四，随着 5G 等传输技术的快速发展，视频、图片类应用快速成为主流的 App 消费场景，而机器学习技术如何更好地融合文本、图片、视频、用户行为等各种不同模态的信息，来达到更好的应用效果，越来越成为关键问题。另外，如何让机器生成高质量的图片、视频、文本等的生成领域，近年来也出现了大量有效新技术，比如图像领域的 GAN 以及文本领域的 GPT 等。过去受到技术限制，大家对这种具有一定创造性的生成领域投入的精力不多，但随着相关技术日益成熟，该领域也会越来越受到关注。

从智能技术应用领域发展趋势来讲，主要的几个方向，比如自然语言处理、图像视频处理及搜索推荐等，各自精彩纷呈，又呈现出不同的发展趋势。自然语言技术进入了"井喷式"的快速发展期，而这一巨变是由以 BERT 为代表的预训练模型以及新型特征抽取器 Transformer 的快速发展与普及带来的。

2019 年 1 月，《光明日报》刊文《从 2018 年全球人工智能数据看未来发展趋势》，对人工智能发展趋势进行了描述。

聚焦 3 年以内的短期增长点来看，基础层得益于万物互联趋势日益显著和开源生态的加速构建，智能传感器和算法模型产业将快速增长；技术层中，随着交互精准度的提升和边缘智能化的布局，语音识别和计算机可视化迎来良好的市场机遇；应用层中，应用场景多元化延伸拓展为智能机器人产业形成新增长点，全球高度关注公共安全治理推动智能安防产业快速崛起，垂直行业应用的不断深入激发智能内容推荐催生了海量的定制化需求。

聚焦 5 年以内的中期增长点来看，基础层具有可重构能力的智能芯片作为新一代人工智能产业的基础硬件设施，从架构升级到应用场景的落地，都有巨大的市场空间；技术层中由于交互式智能服务渐成风口，自然语言处理向知识驱动持续迈进；应用层中智能医疗随着行业升级需求愈益迫切，逐步探索高效率、高质量应用，迎来良好的市场机遇。

聚焦 10 年以内的长期增长点来看，技术方向仍在规划，市场需求尚未完全显现，用户尚需进一步引导和激发方向，具备较强研发实力的典型企业与前沿性较强的科研机构已有所布局，但仍基本停留于实验室阶段，资本市场有一定关注。由于技术驱动，智能驾驶将呈现"云车互联"发展趋势，智能金融受益于行业数据的支撑全链条服务有望兴起，智能教育将逐步实现全生命周期的定制化、普惠化。

三、全球智能技术产业成熟度分析

智能技术的发展使企业对其重要性的认识逐步加深，包括增强竞争优势和改进工作方式，这一观念正在逐步加强。有大部分早期应用者表示正在采用智能技术赶超竞争对手，并且智能技术赋予了企业员工更加强大的能力。企业必须在广泛的实践领域中创造卓越，包括制定战略、确定最佳应用方案、奠定数据根基并培养扎实的实践能力。

不同国家早期应用者的智能技术成熟度各不相同，在智能技术的热衷程度和实践经验上存在较大差异。部分早期应用者积极发展智能技术，而部分则采取较为谨慎的策略。部分早期应用者利用智能技术改进特定的流程和产品，另一部分人致力于通过智能技术实现整个企业的转型变革。依据智能技术产业应用的成熟度，可以将这些企业划分为 3 个等级。

第一，成熟专精型企业是最具经验的智能技术早期应用者，处在产业应用成熟度的前沿。这些企业已经开展了大量生产部署活动，并称其已发展形成全方位的高水平专业能力，包括技术和供应商的选择、应用方案的确定、解决方案的建立和管控、能在自身信息技术环境和业务流程中的融合等。

第二，技术娴熟型企业处于中间水平，它们总体上已经启动了多个智能技术生产系统，但仍未达到成熟专精型企业的成熟度水平。

第三，初级应用型企业处于最末端，它们刚刚涉足智能技术应用领域，尚未具备稳固的解决方案建立、融合及管理能力。

四、智能技术发展主要战略布局

全球主要经济体纷纷将人工智能作为经济发展和科技创新的重要战略，但因资源、创新能力、发展目标等方面的差异，其战略周期、战略目标任务、研发重点和应用领域布局等各有侧重。

（一）主要经济体均提出中长期人工智能战略规划或愿景

由于不同经济体的社会制度与战略目标不同，其战略周期各有不同，但主要经济体都已提出中长期人工智能战略规划或愿景。美国《国家人工智能研究和发展战略计划》将长期支持人工智能研究作为八大战略任务之首。欧盟人工智能战略已在"地平线 2020"计划中增加人工智能投入，且在《欧盟未来的自动驾驶战略》中提出，到 2030 年步入完全自动驾驶社会。英国《产业战略——建设适应未来的英国》将人工智能作为四大挑战任务之一，到 2030 年努力使英国成为最具创新意识的经济体。日本《人工智能技术战略》规划了到 2030 年的人工智能技术产业化路线图。德国《联邦政府人工智能战略》计划在 2025 年前投入 30 亿欧元推动德国人工智能发展。另外，阿联酋是首个成立人工智能政府部门的国家，从中也可以看出其长期发展人工智能的决心。

（二）主要经济体的人工智能战略目标各有特点

世界各主要经济体的人工智能战略目标各具特色，总体上可分为 3 类。一是人工智能整体水平、技术、人才等优势明显的国家，其战略目标为维持全球人工智能领导者地位，确保全球领先优势。二是具有较好基础的国家，希望通过伦理道德、法规监管、商业应用以及自动驾驶、机器人等优势领域引领人工智能发展。三是基础相对薄弱的一些新兴经济体，旨在促进经济增长、增强政府的施政能力及效率等方面，从人工智能巨大发展潜力中获取最大益处。

（三）主要经济体的人工智能研发领域布局各有侧重

自动驾驶、机器人、类脑科学以及基础设施、公共数据集和环境等成为主要经济体人工智能研发领域布局的共同重点领域。美国人工智能重点领域研究布局较为前沿且全面，正基于其强大的技术积累与人才优势，推动弱人工智能走向强人工智能，超前布局通用人工智能理论和技术。而英国、日本、欧盟的研究重点更为聚焦，且欧盟、英国具有较多相似之处，除自动驾驶等外，均注重智能能源技术领域的研究。日本则在机器人、自动驾驶等相对优势领域重点布局，尤其在脑信息通信技术方面较为领先。另外，欧盟也注重前沿领域研究，早在 2013 年就加强了人工智能领域的超前探索，并宣布实施称为"未来新兴技术旗舰计划"的人类大脑计划、量子技术和石墨烯计划，以满足未来人工智能发展需求。

（四）我国加快发展人工智能

我国正通过多种形式支持人工智能的发展，形成了多部门参与的人工智能联合推进机制，从 2015 年开始，先后发布多个支持人工智能发展的政策，为人工智能技术的发展和落地提供大量的项目发展基金，并且对人工智能人才的引入和企业创新提供支持。这些政策给行业发展提供坚实的政策导向的同时，也向资本市场和行业利益相关者发出积极信号。在推动市场应用方面，我国政府身体力行，采购国内人工智能技术应用的相关产品，先后落地多个智慧城市、智慧政务项目。

在国家政策更加注重培育关键技术研发和标志性产品服务，推动人工智能与实体经济深度融合的同时，地方省市也加速企业培育，构建高度聚集的人工智能创新高地。各省市结合自身产业优势制定了规划方案，打造人工智能创新高地。以上海市为例，该市从人才团队建设、数据开放应用、产业协同集聚、政府引导和投融资支持等方面推动人工智能高质量发展，就重点应用场景征集和扶持创新项目，以期在未来实现标志性产品的重要突破。